高等院校艺术设计"十三五"规划教材

视觉环境设计素描

VISUAL
ENVIRONMENT
DESIGN
SKETCH

王艺湘 编著

U0242300

中国轻工业出版社

图书在版编目（CIP）数据

视觉环境设计素描 / 王艺湘编著. —北京：中国轻
工业出版社，2017.10
高等院校艺术设计"十三五"规划教材
ISBN 978-7-5184-1629-5

Ⅰ.①视… Ⅱ.①王… Ⅲ.①环境设计—素描技
法—高等学校—教材 Ⅳ.①TU204.111

中国版本图书馆CIP数据核字（2017）第230809号

责任编辑：李　红　　责任终审：劳国强　　整体设计：锋尚设计
策划编辑：杨晓洁　　责任校对：晋　洁　　责任监印：张　可

出版发行：中国轻工业出版社（北京东长安街6号，邮编：100740）

印　　刷：北京顺诚彩色印刷有限公司

经　　销：各地新华书店

版　　次：2017年10月第1版第1次印刷

开　　本：889×1194　1/16　印张：8.5

字　　数：240千字

书　　号：ISBN 978-7-5184-1629-5　定价：48.00元

邮购电话：010-65241695

发行电话：010-85119835　传真：85113293

网　　址：http://www.chlip.com.cn

Email：club@chlip.com.cn

如发现图书残缺请与我社邮购联系调换

160734J1X101ZBW

前言

随着社会的不断发展，艺术教育的多元化，促使高校艺术专业基础教育也必须紧随时代步伐。现今，一方面基础教育中的素描部分正在扮演着重要的角色，它是造型艺术的基础，是对具体事物的直接描绘；另一方面艺术设计本身是一种科技和智慧相结合的创造性活动，它有无法量化的价值，设计能提高商品的附加价值，从根本上提高企业的效益。将素描作为单独的绘画表现形式应用到艺术设计的各个专业门类中，使其发挥无法估量的辅助手段，这就是设计素描的功能。

设计素描是艺术形式的主导，是设计艺术有效快捷表达的源泉，它涉及美学、心理学、透视学、人体工程学和民俗学等内容。设计素描不仅需要我们研究素描原理和造型规律，而且要针对设计的内容进行研究。设计素描是设计结构的主要因素之一，在设计表达中掌握好素描的性能与配合规律，非常重要。设计素描并不是孤立存在的，它要考虑许多的视觉变化规律，作为设计的一个组成部分，还要与设计程序同步。设计素描的应用十分广泛，具有直接传达视觉效果的作用。我们可以充分运用素描规律，紧密配合设计的结构和其他形式要素，达到促进效益的目的。

总体说来，学习设计素描的目的是为了学以致用，设计创意是无限的，最主要的还是锻炼自己的设计思维能力，只有这样，我们的创作能力才能不断提升，创造出来的设计才能有更大的存在价值。相信在人们的不断努力下，设计素描将会带给我们更多的舒适，使我们能够更好地享受丰富多样，千变万化的设计。

本书借鉴了一些设计案例，内容体系新颖完整，层次清晰，图文并茂。文中对于设计素描的基础理论、形态表现等方面做了深入浅出的分析，并系统地介绍了设计素描的应用，力求做到理论与实践相结合。本书在撰写时参照了视觉传达设计和环境艺术设计高自考考试大纲和考核知识点，希望本书的出版能够为基础设计的教学提供一定的参考，为设计者提供一定的可操作性指导。本书可能存在疏漏和欠妥之处，希望得到读者批评指正。另外，书中有些作品由于无法查明原作者（出处），敬请谅解，欢迎作者与我们联系。

本书包含四部分内容，力图突出三个特点：一是突出设计基础教育的全面性与系统性，使基础理论能够与时俱进；二是体现艺术设计类专业的实用性特点，注重教学和自学的需要；三是结合设计素描应用的广度，凸显了设计素描在各艺术设计专业中的重要性。

在本书的编写过程中得到了中国轻工业出版社的大力支持，有关编辑提出了许多宝贵意见，并对图文进行了辛勤的校勘，我的研究生王昊、谢天、张嘉毓、王凡、魏欣也参与了部分编写，为本书做了大量的整理工作，在此一并向他们表示真挚的谢意！

王艺湘

2017年5月

CONTENTS
目 录

导　论

基础素描

一、素描的定义

素描指用单色或颜色简单的工具描绘对象的轮廓、体积、结构、空间、光线、质感等基本造型要素的绘画方法。

广义上的素描，泛指一切单色的绘画，起源于西洋造型能力的培养。狭义上的素描，专指用于学习美术技巧、探索造型规律、培养专业习惯的绘画训练过程。

二、素描历史

1. 素描的出现

世界上最早的绘画是以最简单的表现形式——线条、图案、符号，来表达人们对自然与生活的记录。如原始人在动物的骨片、石板、陶器等物体上留下各种形象就成为今天素描的原始形式。根据考古的发现，现在所知的世界上最早的绘画是法国西南部比勒高省多尔多涅附近称为接斯柯的岩洞壁画和西班牙北部阿尔塔米拉山的洞窟壁画。前者距今约两万年，是旧石器时代的绘画遗迹；后者约在1万年以前，是旧石器时代晚期绘制的。原始人用最简易的材料描绘他们在狩猎活动中的主要猎获物。西班牙阿尔塔米拉洞窟壁画的野牛尤为精彩，其中一只低头挺角准备向前冲击的野牛，像箭在弦上一触即发，充满向外的运动感。这是用烧鹿脂的灯烟画成的，然后用朱红色的矿物颜料粉末上色。这些古代壁画基本上是用单一颜色进行描绘，所以，也可以说是世界上最古老的素描画（图导-1）。

随着人类的进步，绘画才逐渐由简单到复杂，由主要是素描的方法走向色彩的表现，素描也从原始阶段逐步得到发展。

在世界美术发展史上，继史前时期的绘画之后，最引人注目的是古埃及和古希腊的壁画，可惜保存下来的很少。从仅存的残缺壁画来看，古埃及文化悠久，艺术表现形式具有独特风格。壁画以线造型为主，大部分人物造型用平面形式表现，而经常是侧面带有正面的眼睛，或正面的身体带有侧面的脚，并且头部发式造型简单概括，画面充满东方风格的装饰纹样，具有浓厚的东方色彩；而古希腊的壁画虽然仍以线的造型观念为主，但已向立体的表现演变。在开罗美术馆陈列的古埃及画家所画的素描"狗"是这个时期保留下来的素描习作，可以看出古埃及画家已具有相当的写实功夫。从古希腊保存下来最多的堪称世界之瑰宝的雕刻作品和流传下来的许多著名画家的作画故事来看，古希腊的绘画肯定也会和它的雕刻那样有过高水平的作品。如果画这些壁画的画家都画有草图的话，这些草图就是一张张杰出的素描。可惜，这种素描画我们是看不到了。但我们可以从保存下来的古希腊瓶画中，看到当时古希腊艺术的素描水平。古希腊瓶画有三种式样。早期的是黑像式，即在白底子上把用线条勾画的形象涂上黑色，像剪影那样。后期的叫红像式，即与黑式相反，背景填黑釉而形象留空白（空白处为陶器的红色表面，故称之红像式）。以后又发展到使用白描的瓶画。这些瓶画的造型简练优美，结构严谨，本身就是一幅幅素描杰作。我国长沙战国楚墓的帛画，大约为公元前400多年至前200年期间（与古希腊同期）的产物。用黑白两色描绘一位中年妇女合着掌，抱着必胜的信念去迎接生命与和平的胜利（画面上的凤，代表生命与和平，在矫健地扑击近似蛇形，代表死亡和灾难），这幅古老的素描画可以看出我国古代绘画也同样达到了很高的水平。此后我国的传统绘画基本上是沿着这种以线造型为主的路子发展下来的。

从古代世界史前时期之后的绘画素描作品看来，这时各国的绘画素描作品已具有不同的民族风格，但都保留了以线造型为主的史前时期绘画的特点。

a

b

c

d

e

f

g

h

图导-1
世界上最古老的
素描画

古罗马继承了古希腊的文化艺术，但没有很突出的创造。其后随着中世纪封建统治的日益专横，基督教的发展和神权至高无上的统治，中世纪艺术除了建筑方面因为歌颂神权建立教堂，创造了罗马式和哥特式建筑，以及为教堂修建而发展起来的玻璃镶嵌画之外，绘画大部分是为装饰基督教堂或王侯宫殿、贵族邸宅而画的壁画，也有用笔画在羊皮纸上的插图。这些插图也是保留下来的素描画之一种，但仍然基本上是线描的，大多都十分软弱、幼稚。按照基督教禁欲主义的观念，人物形象都刻画得脸无表情。这个时期可以说是绘画的黑暗时期。当时无所谓专门的画家，而是老百姓在贵族、主教的订货或命令下，为他们新的邸宅或教堂搞装饰。这种工匠画完后，就回去养牛、耕田或打铁，他们完成的任何一张作品都没有署名，因为他们在社会上根本没有地位。那时也许存在徒弟跟师傅学画，一边工作一边学画（即帮老师复制或放大作品）的情况，但却没有进行绘画的基础训练，因而中世纪的绘画水平是很低的，人物比例不对，也不注意远近大小的规律。这个时期，在中国造纸术还未传到之前，画匠们的素描画是画在羊皮、木板、绢绸、竹片、兽皮或墙壁上的，这些材料都远不如画在纸上那么方便，表现力那么丰富。这个时期的素描也很单调呆板，它的真正发展是在文艺复兴运动到来之后（图导-2）。

2. 素描的发展

（1）文艺复兴时期的素描。在艺术历史中，文艺复兴时期就如一颗璀璨的珠子熠熠生光。这个时期，许多绘画大师不但是伟大的色彩画家，而且是伟大的素描画家，其中最杰出的三位——达·芬奇，拉斐尔和米开朗琪罗被称为当时的文艺复兴"三杰"。

列奥纳多·达·芬奇，1452年4月15日诞生在佛罗伦萨郊区的塔奇小镇。他不仅是一位伟大的艺术天才，还是一位科学巨匠。他一生从事过多种研究及艺术创作。他在绘画史上的贡献是把光线和投影融入到绘画当中去，在这之前没有人这么做过。他还善于用科学的角度研究空间与透视，并将他们系统的结合起来。绘画代表作"蒙娜丽莎""最后的晚餐""安加利之战"等（图导-3）。

拉斐尔·桑蒂的作品，内容多以圣经故事为主，短短的一生创作了近 300 幅画，其中以描绘圣母的画

a

b

c

d

e

f

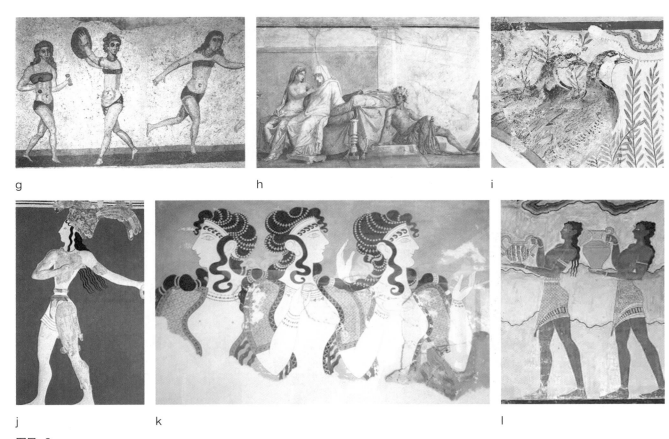

g   h   i

j   k   l

图导-2
古埃及、古罗马、古希腊文化艺术

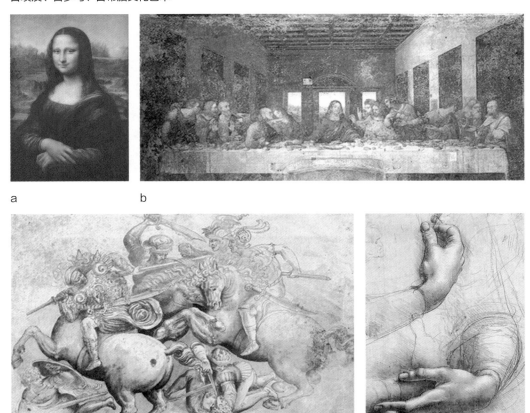

a   b

c   d

图导-3
列奥纳多·达·芬奇绘画
代表作

a

b

图导-4
拉斐尔·桑蒂绘画作品

a

b

c

d

图导-5
米开朗琪罗作品

幅占绝对优势，但塑造的形象却很平民化，朴实而生动，优雅中体现柔美，所以人们习惯上把拉斐尔与娇美柔顺的圣母形象联系在一起。他完成了很多不朽杰作，故享有罗马教皇梵蒂冈宫廷画家的最大荣誉。代表作有"西斯庭圣母""雅典学院"等（图导-4）。

米开朗琪罗，1475年3月6日出生在佛罗伦萨附近的小镇。是文艺复兴时期的著名雕塑家与建筑家。他的素描造型结实，结构准确。代表作有"大卫""垂死的奴隶""创世纪"、《摩西》等（图导-5）。

（2）17、18世纪的欧洲素描。17—18世纪，艺术发展呈多元趋势，很多国家涌现出杰出的艺术大师。如鲁本斯、伦勃朗（荷兰）、丢勒（德国）等画家，他们在创作大量油画的同时，也产生许多为油画创作绘制的优秀素描稿件。这些稿件均以写实形象出现。表现出精湛的写实技艺。风格上线条流畅、奔放，人物形象生动准确。在素描的历史进程中，起到不可估量的作用（图导-6）。

（3）19世纪的法国素描。法国的19世纪，是继古希腊与文艺复兴运动后第三次艺术发展的高潮。许多优秀的艺术家聚集在巴黎，使巴黎成为艺术中心。并且相继涌现出不同风格的画派。

1）古典主义与浪漫主义画派。古典主义注重的是强调素描关系、光影效果，将色彩放在第二位。画面造型严谨，多表现静态下的情景。古典主义最具代表性的人物是安格尔，代表作"莫瓦铁雪夫人像""瓦尔邦松的浴室"。浪漫主义则强调对色彩的表现和渲染，画面构图经常是动感较强。在造型上较松弛，线条奔放流畅。代表人物——席里柯，作品"梅杜萨之筏"；德拉克洛瓦，作品"自由引导人民"（图导-7）。

2）法国的现实主义画派。19世纪的法国是一个艺术活动非常活跃的时期，继古典与浪漫主义以后，又出现了现实主义画派，这一画派的宗旨是实事求是地表现生活和自然的关系和矛盾。代表人物有库尔贝和米勒（图导-8）。

3）印象派。产生于19世纪末的法国。是个反传统的典范。他们抛弃在画室内作画的传统画法，而主张画家亲自到户外去作画，到大自然中去感受真实的阳光和色彩。他们的画面生动活泼、光影颤动、色彩缤纷，赋予大自然以绚丽的生命力。印象派的贡献是发现了光与色的相互作用，对外光与色彩进行探索与追求。他们观察到自然界的一切景物，在阳光下不断移动它的光影关系，从而探索出不同的光影所构成景物的不同色彩关系，不过分强调景物的固有色。代表人物有莫奈、德加、雷诺阿等（图导-9）。

4）后印象派。后印象派是继印象派后期产生的一个著名的画派。后印象派把印象派对光影的执着承接过来的同时，更加强调内心主观的感受和表现。如果说印象派是科学的、客观的研究表现世界，那么后印象派就是主观与客观、理性与感性的结合，较

a 鲁本斯作品

b 鲁本斯作品

c 鲁本斯作品

d 伦勃朗作品

e 伦勃朗作品

f 丢勒作品

g 丢勒作品

h 丢勒作品

图导-6
17～18世纪的欧洲素描

a 莫瓦铁雪夫人像

b 瓦尔平松的浴室

c 梅杜萨之筏

d 自由引导人民

图导-7
古典主义与浪漫主义画派作品

它的前身更为杰出。它的代表人物有凡·高、高更（图导-10）。

（4）俄国素描。一个国家的素描艺术，就是其一部分造型艺术的经典。俄罗斯的素描源于意大利，也曾向法国、德国等造型艺术求索。意大利文艺复兴时期的素描，可以把人引进天堂。德国的素描可以把人带到月宫去遥观北极光。而俄罗斯素描艺术是庄重、浑穆、朴素而开朗的，更接近人生，也更富有个性，可与我们携手来到人间。

俄国的素描起步较晚，但发展较快，并且涌现出一大批优秀的艺术家，如列宾等。到19世纪末，基本上出现了被称为契斯恰可夫的教学体系。这种教学体系以精确描写模特，重视质感表现，重视透视空间为训练模式，建立在传统上的美术学院教学，努力使造型接近古典美的理想形体，并要求学生必须以精通解剖作基础，在美术学院里素描占绝对地位（图导-11）。

3. 现代素描

现代素描是随着现代艺术的全面多元发展而发展的，流派众多，异彩纷呈。最具代表性的有野兽派和立体派的诞生，对艺术界是一次颠覆性的革命。马蒂

a 库尔贝作品

b 米勒作品

c 米勒作品

图导-8
法国现实主义画派作品

a 莫奈作品

b 德加作品

c 德加作品

d 雷诺阿作品

e 雷诺阿作品

图导-9
印象派作品

a 凡·高作品

b 凡·高作品

c 凡·高作品

d 高更作品

图导-10
后印象派作品

a

b

c

d

图导-11
俄国素描

斯的绘画线条旷野，夸张变形。毕加索的绘画以立体和多维空间为表现语言，造型大胆而怪异（图导-12）。

4. 中国素描

　　中国近现代素描教学最早可追溯到留日归来的近代美术先驱之一的李叔同，他在1912年就任浙江高级师范图画手工专修科主任教师时，即开设素描、油画、水彩、图案、西洋美术史等课程。李叔同是开创中国近现代美术教育，实施素描写生的先行者。1912年，西画家刘海粟等人创办我国第一所美术学校——上海美术专科学校。当时的素描教学讲究明暗不画背景，采取线面结合的表现方式，存在早期素描中普遍产生的结构不甚严谨、形体比较硬化的痕迹。对中国素描发展贡献最大、影响最广的当数著名画家、艺术教育家徐悲鸿。徐悲鸿极为重视素描，主张素描与色彩应完美结合，他重视人体模特写生中对解剖结构与运动结构规律的运用，并提出素描教学"新七法"论：①位置得宜；②比例正确；③黑白分明；④动态天然；⑤轻重和谐；⑥性格毕现；⑦传神阿诸。20世纪30年代，曾留学比利时皇家美术学院的美术教育家吴作人，他的素描重结构，造型严谨凝练简约。另外，油画先驱颜文梁1922年创办苏州美术专科学校，致力于美术教育事业，他在素描教学中主张结构通过色调做出表现，力图将结构与形融合于色调之中，他的调式素描层次丰富细腻，光色柔和。20世纪40年代，素描的成就在速写艺术领域中反映突出，当时的叶浅予便是较为突出的一位，他的速写笔力遒劲，善于以简约的造型概括对象的"体"与"质"。当时，学院素描教学中偏重于静止状态中的形体研究，而未能将速写重视起来，故形象中缺乏生气，为学院派一大弊端（图导-13）。

　　新中国成立后，艺术教育面临一系列重大改革，作为艺术教育一个基础部分，素描教学被认为是改革的关键。20世纪50年代，在素描教学领域中，苏联美术学院教学体系介绍到中国，也就是所谓的"契斯

a 马蒂斯作品

b 毕加索作品

c 毕加索作品

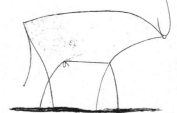

d 毕加索作品

图导-12
现代素描

a 李叔同作品

b 李叔同作品

c 徐悲鸿作品

d 徐悲鸿作品

e 吴作人作品

f 叶浅予作品

g 叶浅予作品

h 叶浅予作品

i 叶浅予作品

图导-13

恰可夫体系"。苏联美术教学一方面受法国明暗造型的影响，重视光的作用，同时又吸收北欧画派结构造型的特点，重视结构规律，将二者综合起来，并予以科学化、系统化，形成了比较完整的现实主义素描教学体系。现在回头看去，苏联学院派素描中极为强调对实物客观属性的观察研究，究于物象之形似，思维方法往往走入极端，妨碍了艺术表现形式主观能动作用的发挥。当时在中国，一些杰出的画家、美术教育家的整个专业水平尚处于比较落后的状态。因此，苏联学院派对中国美术教育的吸引便是理所当然的。

目前，国内有些艺术院校还在沿用着这种教学模式。这种训练模式有它的优势，也有它的弊病，优势是能培养艺术家扎实的基本功，弊病是缺乏灵动性，压制了创造性，过分夸大了机械性。

a 立体派

第二节

设计素描

一、设计素描的形成

素描是一种用单色描绘物象的造型艺术样式。从我们祖先用红土、兽血、锐器在石壁上涂抹、刻画生活中的某个物象开始，就有了"素描"，它也是原始绘画的雏形。随着时间的推移、社会的发展与科技文化的进步，绘画从一般记录与表达，到"逼真"记录与细腻表达，再到主观反映与个性张扬，这些变化无法再用"素描"二字来涵盖。全世界不同地区的画家创造了种种不一样的画种画派，也产生了各种绘画工具、绘画材料和绘画样式，从其内在到外表丰富而多彩，但是素描并未因此而消亡，只是转变了角色——"草图"。其性质是构思的记录、预想的表现以及绘画创作的前期准备。素描始终伴随绘画的发展而发展。19世纪的绘画已发展到"立体派""超现实主义""构成主义""荷兰风格派"等抽象形式内容的表现，这样一种艺术风格取向对设计艺术的影响是深远的，它促进了设计素描的形成发展。1919年，包豪斯设计学院的建立预示着为设计服务的设计素描教学的产生，观念、目的、素描的方法围绕着设计这片天地发展变化，突破了以"模拟说"为理论核心的学院派素描的条条框框，从此分流出了设计素描（图导-14）。

b 超现实主义

c 构成主义

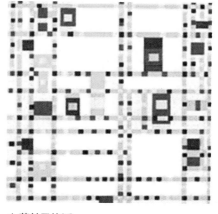

d 荷兰风格派

图导-14
设计素描的形成

二、设计素描的概述

设计素描是围绕平面设计、立体设计所需的思维、观察与表现方法而展开的基础造型训练。观察、思维、表现是训练过程中不同性质的活动，也是互相联系的整体活动。或先有想法再去观察，然后去表现；或先有随意涂抹，再依据涂抹的形象去思考，再去观察。观察是眼睛的活动，观察分为观察生活和观察画面两个方面。

生活是形象语言的源泉，画面是形象具体反映的场所，观察既是捕捉形象的行为，又是判断画面形象是否符合画意的行为。在观察过程中必然与大脑相联系，观察后的反映、感觉、感受就是大脑活动的结果，大脑的整理加工又需要通过手绘制出具体的形象才能得到验证。思维是大脑的活动，大脑是表现的指挥者、观察整理的加工场，形象思维的过程中必然要与观察动手表现相联系。表现中的绘制是从工具、材料到具体画法的一种手的活动，如何来制作是大脑的任务，所以制作的过程又必然有一个思考的活动。

形象的表现也由眼睛来观察，再由大脑做出判断；形象的创造又必须有生活的积累，积累就要依靠观察，观察、思维、表现，你中有我，我中有你。虽然不可分割，但三者之间还是有相对的独立性，观察有观察的方法，思维有思维的变化，表现有表现的方法，在训练的过程中需分阶段专门进行。而在不同阶段，三者必然是联系在一起的，只是各有侧重。

1. 设计素描的牢固地位

设计素描是造型艺术的基础，除了作为基础训练之外，更为重要的是，它是一种思维方式和研究方式；是以设计造型为目的的；是设计理念形成的重要过程。

设计艺术与整个美术本身是不可分的。阿恩海姆说"传统上把思维和观看分为截然不同的两个领域"，但没有哪一种思维活动我们不能从知觉活动中找到，因此所谓视知觉，就是视觉思维。视觉一个很大的优点不仅在于它是一种高清晰的媒介，而且还在于这一媒介会提供出关于外部世界的各种物体和事物的无穷无尽的丰富信息，由此看，视觉是思维的一种最基本的工具，这打破我们平时把视觉仅作为"感知"的传统观念，并鼓舞我们在美术创作设计上充分利用视觉优势和观看的思维性功能，去理解和体现德加说的"素描画的不是形体而是对形体的观察"及上述所谓的"素描是一种发现的行为"，使学生明白视知觉不是对刺激物的被动复制，而是一种积极的理性活动。

设计与素描之间有一种相互依存的关系，是设计程序的一部分。作为基本功，设计素描是专业基础课的一部分。在这一过程中，重点培养和开发同学们的创造性和思维意识。设计思维是通过素描的形式体现出来并存在这一范畴之中的，设计源于思维理念并诞生于创作结果，同样，设计素描是记录这一理念的一种表现形式和手段。设计素描是整个过程的一个环节，它记录了人们最初的思维理念和对图形发展、深入、完善使之不断成熟的过程。设计素描的表现过程是创作过程，也是对思维重新审视的过程和不断追求完美的过程。通过素描艺术的造型活动可以增加和提高作者的专业设计知识和专业造型能力。

有一种观念认为：相对于美术学院学习绘画的学生来说，似乎设计学院的学生基本功要弱一点，其实这并不能一概而论，设计学院也有许多优秀学生写实造型能力很强。但是，也有这样一个现象，就是学习设计的一部分学生严重忽视基本功的训练，厌倦艰苦的学习过程，而被一些花花绿绿很见效果的东西所诱惑，没有会爬的时候就急着去跑了。殊不知，现在的欠缺会导致将来创作的瓶颈状态，那就是有许多很好的创意构想因为造型能力的不足而不能充分地体现发挥出来。

诚然，画好一张素描，搞好一个设计或者创作好一个广告之间是有差别的，但其中也有着某种强烈的联系。我们不要把素描课仅仅看成是对技术的一种训练，其实这门课程更是对我们观察能力、分析能力、思考能力、审美能力的一个提高，是对我们感性认识和理性认识综合能力的考验。他不是一个体力活，而绝对是一个脑力活。如果把它只当作一个体力活，机械麻木地完成一些没有生气和思想的作业的话，那是对心智的偷懒。要画好一张素描仅仅有技术是不够的，还需要有很好的"悟性"。在自己的作品前，每一个学生都应该充分调动线条、明暗、色块，使其布局安排体现出一种秩序的美感和律动力，素描是衔接艺术和设计的一个桥梁。

对于设计类的学生来说，设计素描课是对造型美感和形象表现能力的一种专业训练。但我们应该客观地认识到素描解决不了设计的所有问题，特别是设计的市场功能问题，如果想做一个好的设计课题，学生还必须具备专业知识，对设计课题的视觉需求、目的性、版式、要求做出综合考虑，进行构思创意，再制作出来。同时，设计者还要对人们的观赏心理、热点关注、市场反应做出一定的调查和预测，这样才能说是一个比较完整的设计过程。所以，素描主要还是在造型领域为学生打造一个较好的基础训练课程（图导-15）。

（1）**服务于艺术设计的设计素描。** 在设计作品中，感情色彩如何调配，如何涂抹，都应该从设计素描开始。设计素描与艺术设计是相辅相成不可分割的，它们是艺术设计与创造的一部分，起着承上启下的作用。设计素描是延续设计思维的手段，展示设计意识的形成，使思维完善的一种方法，是艺术设计的基础，也是通向设计的桥梁。设计素描画面的具体表现形式反映出设计理念，为进一步的设计创作奠定了基础，丰富了素描艺术的表现语言。

设计素描虽然有一定的独立性，但如果一味强调

它的重要性就过分夸大了其作用。明确地说，它更多的是作为一种媒介，一种手段，最终的目的性是以为设计服务为宗旨的。尤其在电脑的参与下，设计者获得了极大的解放，也带来了设计行业群体的广泛性和群众性，这本来是好事，可同时又带来了设计的急功近利，反映在重"技术"轻"艺术"，重"表面"缺"深厚"的情形。过分依赖电脑，忽视对于设计队伍艺术文化素质和严格的基本功的训练和提高，使得设计艺术创作变成简单的"拼图"和"生产"，这样电脑反而成了束缚人的创造力的因素，致使艺术设计水平降低。设计，尤其是平面设计作品是静止不动的，没有活动的画面，所以要想成功地抓住观众的眼睛，非要在设计语言上下一番功夫不可。观察实质是一种思考的方式，通过素描，认识自然，发现设计，它强调在整体造型活动中，要求以不同寻常的方式来运用大脑，给设计赋予人性化和人情味。在全面发展的基础上，重视对能力的培育，这也是素描教学在设计艺术教育中起到的根本作用，透过这些，素描到艺术设计的转化和融合成为一种可能（图导-16）。

（2）**设计素描的观察。**

1）观察整体。一幅设计素描的表现要有"整体—局部—整体"这样一个观察方法。不管是画静物，还是画人物。首先是观察对象的整体气势，在头脑中有一个总的感觉。是画方构图，还是表现圆构图；是

a 学生王昊作业

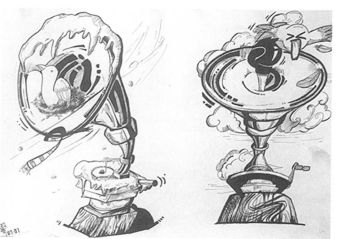

b 学生王昊作业

c 学生王昊作业

图导-15
设计素描专业训练

a 学生王策作业

b 学生王策作业

c 学生王策作业
图导-16
素描与艺术设计转化

用细线表达，还是用粗线表现。脑海中有一个初步的轮廓，作画有了目的性，画起来就轻松自如。只有看到了整体，才能画得了整体；只有把握了整体，才能带动局部的表现。养成以整体观察到局部入手，再回到整体调整，这样一种良好的作画习惯，就具备了一个作设计师的素质。进行深入刻画时，就要用整体的观察方法来处理好局部与整体的关系。局部要表现整体，但局部也必须服从整体，整体把握好了，画面才协调。如画眼睛，首先看到的就是眼睛周围的关系，与鼻子、嘴巴、耳朵、眉毛之间的关系，这样整体性的观察，才能把眼睛画准。如果不用整体的眼光去观察，单一看到眼睛画眼睛，即使你把眼睛画得非常像，那眼睛也是孤立的，是与鼻子嘴巴不相容的眼睛。所以，我们描绘任何一个对象都应是一个相互联系不可分割的整体。

2）观察立体。任何一个物象都是以立体的形态呈现在空间的，即使是一丝头发，都是由高度、宽度和深度，这样的三度空间组成。画素描不仅要整体观察对象，还要学会立体观察对象。立体的观察是在二维观察的基础上形成的，是对物象三维的分析。二维观察是平面的，是表面的观察。而三维观察是立体的，是对物体深入的观察。设计素描的表现，无论用点、线、面的形式。还是用光影、调子的形态，追求的是"立体感"。如果没有立体观察的意识，那么所表现的画面就没有立体感；画面形象就单薄、不结实、松懈、含糊。缺乏最基本的表现力，对于一个初画设计素描的人，往往观察对象趋向于平面化。看到的是物象的外轮廓，没有物象的立体的概念，所表现的也是平面性。为了加强初学者对物象立体感的认识，进行一些简单的几何形体的写生训练很有必要，从简单到复杂的立体变化，是改变平面观察为立体观察的重要因素。

3）观察结构。结构是物体的内在构造，是物体的本质。设计素描研究的就是结构，它与绘画素描有本质的区别。绘画素描以光影造型，以黑、白、灰调子来塑造形象；而设计素描是以其本身的结构来塑造形体。这就需要在作画时，要以透视的眼光，甚至以解剖的眼光来分析对象，了解对象的构造关系。在设计素描训练中，学生初次作画，往往对物象结构理解不深，看到的是物象的表面现象。下笔时也是在物象的外轮廓线上反复重叠，不能深入到物象内部结构，画来画去全都在外形上变化，结果一幅画缺少结构。甚至没有立体感，画面表现松散、简单，一点生命力都没有。所以，在画设计素描时完全可以抛弃光影对物象的影响。从物象本身的结构出发，认识和理解结构，这样画起来目的就很明确。不受明暗调子对物象的影响，单纯地去表现结构，这样才能达到训练设计素描的目的。

2. 设计素描的思维

（1）**设计素描思维的定义**。绘画性的素描一般运用的是形象思维，强调的是艺术的审美性。所谓形象思维，概言之就是对生活进行直观感受和形象的再现。在绘画中体现的是一种直观性与形象性有机结合的思维活动方式，其特性具体表现在形象思维对感性认识的全面依赖，并从审美的角度来关注客观物象，它是以感性为引导、理性为内容的形象思维。所谓设计思维，换言之就是指在设计过程中对客观素材与主观感受进行间接、概括、综合的反映，强调的是科学合理性，而设计素描则运用的是设计思维与形象思维相结合的方式。

（2）设计素描的思维类型。设计是建立在观察、想象、思维和操作诸多能力基础上的一种更高的综合能力。设计素描不只是把以往的素描表现加以改变就成为设计素描，它讲究的是创造力，而创造力又包括：思维的流畅性、灵活性、独创性、精细性和对问题的敏感性，更注重的是思维的方式。

1）联想思维。联想思维在设计素描中占很大的比重，联想思维的作用是使两个看上去不相关联的事物建立联系，从而产生设想和成果。如：自古以来，人类架桥都是靠修筑桥墩实现的，当遇到水深难以打桩架桥时怎么办呢？发明家布伦特看到蜘蛛吐丝做网就联想到造桥，顿时恍然大悟，从而发明了吊桥。借物抒情及形的联想，通过画面引发丰富的情感，以此抛弃被动体验，积极主动地思考。开辟更大的想象空间，形的联想是将一个物象原有的造型特征转化为另一个物质。

形的联想在造型艺术设计上的表现形式则是体现在以下几个方面：

首先，我们在造型艺术设计的过程中，应做好主题的辅助衬托设计工作，使主题更加鲜明突出。利用特定的环境、特定的背景、特别的装饰手法等表现手段来烘托主题，使主体性的形态联想得到深化。进一步催化人们对美感的经验性心灵再现。使之准确地体现出应该体现的设计意图。而将大众的主观联想归拢在一条线上，更加明确地表述主题。北京奥运会的主会场之所以有"鸟巢"之美称而不被联想为篮子、草鞋、元宝等其他形态概念。大部分原因在于它有一个强有力的环境导向和舆论导向。

其次，抛弃复杂的造型寓意。追求简洁而有力的单一造型意象，一个艺术造型所负担的深层意义越

多，其形态往往越缺乏鲜明的特征，也越容易被受众曲解。相反，用一个单纯的艺术形态来表述单纯而强烈的造型，寓意却是很容易就可以做到的。也正因为如此，高明的艺术家往往不太注重自己作品的"更多层含义"，而强调作品单纯的、简洁的"深层意义"，从而引导受众清晰地体验到"至深的美感"。

形的联想是对客观事物上升为主观意识的形的研究。将两者相互有联系的元素通过形的相似点巧妙地结合在一起，这种结合不再是简单的物的再现或并置。而是相互融合个性而合二为一，给人以意境表达完整、周到的效果。作为训练的形式，要强调画面中构成形象的细微表情，并要具有引发视觉注意力的特点和中心，力求避免平淡、机械、苍白的变化组合。

联想是一种再创造，是"第二种文化意识"的行为本质。由于它的创造行为是建立在原图形基础上的，所以在创造活动中面临的主要问题是牢靠的原意图，再创造应该是对原意象的引申和深化。可以从多角度、多层面、多维度、多形式地通过主观性的调整。把联想形态视觉化；甚至还可以剖开外表皮对里面的形态去联想。也可以换一种思路，即抛开形象思维，进入抽象思维或逻辑思维，通过主观性的调整，来构筑一种新的思维方式。

2）意象思维。意象造型是创意形态造型中的一个重要内容，是作者的主观意象与作画对象融为一体，产生了表现性。只有通过观察、体验生活。主观感受随之进行消化，才会形成创意图像。然后通过素描形式表现出来并进入了一段新的阶段，这个阶段形成了意象的混合体，即产生了主观意识的意象形态，使人产生更多的联想。

所谓意的联想，即为意象联想。意象是一种境界，"意"就是心，"象"则为心中之想象。我们也可以简单地称之为心中的"想象"。

与形的联想不同的是，意的联想是从主观开始的，是生活中具体的体验在大脑中长期存储，相互联系、相互影响产生的，是脱离客观规律的主观形象。创意形态素描，不再拘泥于现实形态，而是从更多方面进行突破创新，特别是表现方面与表意方面。通过创意造型素描的训练，我们将主要解决两个直接的

问题。

其一，培养造型能力的同时培养灵敏、灵活的意识，避免死板无思想地"死画"或"画死"。

其二，在素描与设计之间建立起更紧密和直接的联系。现实生活中，有许多事物都是不以我们的主观意识为转移的。在长期的生活实践中，人类产生了丰富的想象。在很久以前，人们就将这种想象运用到了绘画造型上。例如，达利的画常收集梦幻中的事物作为表现题材，有些画题直接点题为"梦"。但他的梦与超现实主义画家画上所展示的"梦"是有所区别的，这种区别在于达利创造了一种真实感，还寄寓某些他所特别偏爱的内涵。在达利的作品中，他把不同事物任意地组合在一起，再以具有真切细腻的局部形象，造成荒诞不经的，甚至是恐怖的境界，使他的作品理性与非理性交错，产生出一种超乎寻常的视觉冲击力，给人深深的心灵震撼。

一个具有成功因素的艺术作品，必须要有深刻的意境。意象是设计师对所表现的对象的深刻理解，对客观事物的想象和联想，想象是感性认识，理性是被实践证实过的感性。艺术设计中的意象联想就是想他人之不想，为他人所不为，变无为有，变物为人，化不可视为可视，以不寻常的图形手法来表达人们司空见惯的东西。尽管想象出来的形象是"胡思乱想"，形态也是模糊不确定的，但它与现实生活密切相关，创造的形象还是较为清晰的。如果想要让人们看明白，要求创造的形象必须是生活中的原型或是原型的变形，将生活中的形态、材质、比例、色彩等造型因素的夸张、强调、重组等，并且要求这是在不受任何客观规律的束缚下进行的，只有这样才能达到我们所要追寻的效果。

意的联想在艺术设计中的特点主要体现在其原创性特点和逆向性特点。原创性特点是想象将设计师们对司空见惯或"完美无缺"的事物提出怀疑，并勇于从新的角度去分析和认识事物，其表现出来的设计也是新颖和独特的。跳跃性特点表现为思考问题的方式是非连续性的，以至于思维发展的突变和逻辑的中断，使看上去不相干的事物之间却蕴含有本质的联系。逆向性特点是从反逻辑的角度出发，在客观世界

中寻求质与形的变异，突破传统思维习惯，以反常的图形语言来传达信息。将现实与幻想、真实与虚幻、主观与客观有机地结合起来，找到最佳感觉，能动性特点。设计师的思维想象是一种有目的的活动，任何想象都不是凭空产生的，而是对记忆表象加工改造的产物。它能使我们超越已有的知识经验，超越逻辑思维的束缚，使思维达到新的境界。

意的联想产生的创造性思维方式，可以给艺术设计带来广阔的创意空间，挖掘创造潜能。不论是从事平面设计、工业产品设计，还是环境设计、建筑设计、服装设计，都有它的逻辑限定性，也就是功能性和技术性。人们很容易把它限定在一种合理的范围内，而意的联想思维会超越合理范围的限定，设计会在联想思维中得到更大启发。

3）空间想象。空间想象是人们对客观事物的空间形式（空间几何形体）进行观察、分析、认知的抽象思维过程，可以简单理解为在大脑内模拟立体空间或现实事物，它主要包括以下三个方面的内容：首先，能根据空间几何形体或根据表述几何形体的语言、符号，在大脑中展现出相应的空间几何图形，并能正确想象其直观图。其次，能根据直观图在大脑中展现出直观图表现的几何形体及其组成部分的形状、位置关系和数量关系。再次，能对头脑中已有的空间几何形体进行分解、组合，产生新的空间几何形体，并正确分析其位置关系和数量关系。最后，还要学会逆向联想。

素描创作中的逆向联想可采取多种表现形式：可运用速写形式记录思维的火花；可采用题写形式反映出联想图像；为使逆向联想更充分、更完美。还可使用速写、素描兼顾的形式着手表现。它是一种反向联想方式，与正向思维大相径庭。

在设计素描画面上的空间实际上是对三维空间意识的理解，设计素描要求画者具备很强的三度空间（或称三维空间）的想象能力。三度空间的想象和把握，在很大程度上并不取决于画者表面的感受，而是取决于思维的推理。许多空间中的点、线、面，尤其是在实际结构中所遮挡的部分就必须通过理性的科学化的推导才能完成。再以结构素描的形式表达出来，

训练对三维空间的想象和把握能力，设计师只有利用空间形象，才能创造出实实在在的产品样式和造型。

4）创意素描思维。所谓创意素描，即是以素描为基础。充分发挥作画者自己的想象并结合自己的思想来创造一幅具有生命力的作品，除了可以画出一些好的素描作品外，创意素描的真正目的在于打开人们的设计思维、设计创意，拓展创造力和想象力，丰富设计表现，进而为下一步的创造性活动打下坚实的基础。创造性活动作为人类活动中最活跃、最富有生命力的部分，对社会发展起着越来越大的推动作用。创造性活动是人们认识、发现和创造的过程。在这个过程中，人们的感觉、知觉、记忆、想象和灵感等心理机制，都将发挥一定的作用。创造性活动真正的核心是创造性思维。

所谓创造性思维，是一种没有固定模式的开放性思维。新颖、求异、灵活和独特是创造性思维的主要特征，只有主体通过发挥思维逻辑力、想象力以及观察力等各种思维能力，运用抽象逻辑思维、形象逻辑思维，乃至灵感直觉思维等思维活动的具体形式，进而对这些思维信息进行变换组合、加工、建构，这样我们才能够有效地掌握并自觉地运用这种创造性思维技巧，开展积极的创造活动。

5）逻辑思维。逻辑思维对于艺术设计来说是有重要意义的，其本身是通过一系列的推理而寻求"必然地得出"。

正如我们前面所说的那样，艺术设计具有强烈的目的性，它的最终结果就是要获得"必然地得出"。在社会生产、分配、交换、消费各领域中满足目标市场，体现多种功能，实现复合价值。因此，当逻辑思维被引入设计领域时，它便可以成为一种行之有效的理性方法或工具。从而指导艺术设计的思考及实践过程。逻辑因素在思维领域中起的作用就是一种"逻辑思维"（或"抽象思维"）。逻辑思维是以推理为表征的，不同于想象、联想，也不同于音乐、美术所体现的形象表达（虽然音乐、美术中也有某些逻辑因素的存在，但主要还是以形象因素为构件的）。推理不仅可以使人们获得不能由经验直接得到的知识，而且还能获得不能由感觉和知觉直接得到的知识，因此，可

以说是一种较纯粹的理性思维活动，更多地以必然的前提推导出必然的结果，尽管其推理形式可以是多样的，但最终"必然地得出"却是唯一的。

6）开发和转换创造性思维。马蒂斯说：创造意味着表现你所具有的东西。任何真正创造性地努力都是人类灵魂深处完成的。设计素描是思维表现的手段，是以培养创造性的思维为出发点，在调整思维理念的同时要注意创造者的潜在能力，专业基础在一定程度上决定了设计的表现能力。

设计素描是艺术设计的基础，是以目的性的表现技能为前提，是艺术创作和原创设计的一种表现形式，体现设计者的创作思维和艺术特征。设计素描水平的高低影响艺术设计的品位，设计素描思维的训练，设计意识的培养要遵循由简入繁、由单一到复杂的循序渐进的原则。在高考前同学们的训练方式主要是以大量的模拟对象，进入高等院校后就不能是简单的重复，大学里的知识是全新的，是以启发性、创造性的设计思维为主，并逐步形成较为完整的思维理念和独特艺术设计风格。把个人的艺术修养对设计产品的理解、判断融入设计素描的创作中，更深刻地体现设计素描在艺术设计领域中的功能作用，这一训练具有培养创造性思维的作用。创意的造型是从专业设计角度来规范设计素描的，它源于立体思维和科学思维，在大脑的灵感作用下转变成理性认识，从而形成科学的图形特征。设计素描的表现特征是一种思维活动的表现，通过这一过程，形成一幅较为完整的设计素描。

思维具象性向意向性的转换是一种从有形向无形的转化过程。首先，通过变换、转移和融合，使其形成一个全新的形态；其次，用电影中的"蒙太奇"手法，将多种不同时空的形象进行组接与转换，使其离开原有的时空秩序，在画面上形成一种全新的时空秩序。在这一思维转换的过程中，画面呈现出简洁化、平面化、符号化等装饰性特点。不能因为画面是通过平面装饰的形来表达心灵的情感就被我们称之为胡编，试问在绘画史的长河中，诸如抽象表现的画派与儿童的涂鸦有无本质的区别呢？基础素描到设计是感知到表现的过程，造型艺术中具象与抽象是两种相

对应的表现形式，把握住具象与抽象在造型规律中内在的联系，有助于拓宽学生的创造思维领域，丰富造型语言和艺术想象力，提高造型艺术的综合设计能力。同时结合现代审美观念在抽象化、简洁性、强冲击、民族化、个性化等的审美特征的指导下，注重眼、脑、心、手等方面能力的培养，融合于准确描绘能力，结构分析能力，明暗表现能力，构想能力的训练让素描基础教学与设计艺术全面亲和。

（3）设计素描的思维表现。德加曾经说过：素描画的不是形体而是对形体的观察。这个观察就是画者对物象的意化过程。我们只有通过细心观察、体验生活，主观感受随之进行消化，才会形成创意图像。然后借助素描表现形式同时深入到下一个新的阶段，在这一阶段形成了意象的混合体。这样，主观意识的意象形态就此产生了。

1）意象表现。所谓"意象"是中国古代文论中的概念。《易经》认为。立象可以尽意。古人以为，"意"是内在抽象的心意，"象"是外在的具体的物象，"意"源于内心并借助于"象"来表达。"象"其实是"意"的寄托物。中国传统绘画中即是由形生"意"，再由"意"至"象"的过程。

意象形态中构成方式有两种：一种是由一个意象构成一个意形的形态；第二种则是组合的意象形态。无论是具象还是抽象的视觉形态，在以意为优异的创意、设计理念下，多个复杂的意象之源，会在逻辑思维和形象思维的"碰撞"中，理解、消化、深化意象理念，完成更为复杂的设计任务。

我们通常讲的意象形态的表现实际上也可以看成一种特殊的"语言表达能力"，它是将写实形态进行抽象化，再由人的主观意象与外在物象相结合。把生活的感受在头脑中转变成意象，然后再借助于一定的物质手段塑造出一种艺术形象，这个形象也就是艺术家的审美意象的物化表现，意象造型是创意形态造型中的一个重要内容。是画者的主观意象与作画对象融为一体，产生了表现性。

人们常说，设计的过程便是思维的过程，而思维方式的来源与结果，或多或少地受到客观事物或专业规范的制约。每个人对对象都有自己的认识，有些人更注重色彩的美；有些人更重视形式的美。也正因为此，在每个存在的物象中都可以找到物象相对应的形式之美，可以把这些形加以抽象简化，甚至是简化成有张力的形式。那些点、线、面就可以体现出时间、空间、速度这样抽象的因素，通过对形的整理可以找到简约、朴素、传统或者是华丽等各种风格，而这些风格的体现不仅是心情的体现，更是意的再现。我们只要坚持创造性思维和艺术设计实践，必然会硕果累累。

2）联想表现。爱因斯坦曾说："想象力概括着世界的一切，推动着进步，并且是知识进化的源泉。"想象力是在已有知识经验的基础上，建立和创造新形象的能力，它是创造思维能力的核心。通常我们把这种想象力称之为联想，联想思维在设计素描中占很大的比重，借物抒情及形的联想，通过画面引发丰富的情感，以此抛弃被动体验，积极主动地思考，开辟更大的想象空间。在设计素描中，通过对表现对象的观察分析所产生的丰富联想，是创意、设计过程中所必需的环节。形态联想中的丰富性能反映出了联想形态的多样性。

联想的特点在于其能由一事物想到另一事物，再想到更多的事物，从而获得创造性的设想。"借物抒情"和"借物联想"只相差一个词，但孕育了不断延伸的想象力的方向。联想还具有超前的特点，不受时间和空间的限制。在自由联想状态下，可以由前一个联想到一个词、事实或图形形态，作为下一个联想的刺激，从而不断地联想下去，直至达到要求。同时联想与长期的经验积累是分不开的，但更是综合判断后的总结。画家毕加索通过联想，把自行车的前把加工成牛头的模样；机械设计师受到飞鸟的启发，联想到了载人的飞行器，继而推动了现代飞行器的发展。自然界的各种物象，许多虽然具有本质的区别，但都存在着一种连带关系，它们互相触及与交融。从自然出发，挖掘各种不同的心理意象，使我们的思维更加活跃，才能不断涌现出新的构思。

3）空间表现。设计素描在学习中注重培养的是本质的观察和思考能力，要开拓设计思维，启发空间的感知能力。空间是在所用媒介上传达信息和表现创意的，也就是说我们是在二维的平面上进行的创造性劳动，而我们所要表现的对象大多都是三维立体的。要传达的信息也是多方面的，空间表现要想通过二维的平面创造出引人入胜的视觉效果，掌握空间的表现方法是大有必要的。

其实，空间本来就是包含在设计当中的，空间是由一定的平面构成的。就拿车身广告来说，每一个面都可以单独进行设计，但是我们要考虑同时看到两至三个面的立体效果。对于呈长方体的车身来说，只看到一个面的情况几乎不会出现。当然，这里所讲的是指在二维的平面上怎样创造出具有视觉吸引力和趣味性的空间。

4）逻辑表现。逻辑思维，人们在认识过程中借助于概念、判断、推理等思维形式能动地反映客观现实的理性认识过程，它是人脑对客观事物间接概括的反映。它凭借科学的抽象揭示事物的本质，具有自觉性、过程性、间接性和必然性的特点。逻辑思维的基本形式是概念、判断、推理，是人的认识的高级阶段，即理性认识阶段。设计是一项创新活动，创新是艺术设计的生命，在设计素描中有关创新的内容十分重要。设计的手段、方法、观念、材料等，都可以带来创新的结果。然而，艺术设计活动中的思维则是最为重要、最为活泼、最能反映设计创新效果的一种主观能力。

在艺术设计活动中，为了追求设计的效果，设计师所传达的意思从无形到有形。从对立到统一，在表达自己观念的时候会运用这些思维方式去寻求理想的效果。设计素描的创意最初往往是脆弱的，一定会存在着这样或那样的明显缺漏，需要后续的扩充、整合、论证和演绎。最初创意中的思维活动往往具有试探性的特征，这种试探需要强有力的后续支撑才能获得最终的成功。因此，设计素描的思维过程中，个人主观的内涵积累非常重要。它不仅孕育着设计创意中的灵光星火，还助燃创新思维之火的燃烧和创新成果的产生，带给人更精彩的展现。

3. 设计素描的表现方法

设计素描的表现方法有很多，常用的一般有三种形式：结构性素描、表现性素描、意象性素描。

（1）结构性素描。结构性素描是从物象的形体出发，不受光影的影响。运用基本的透视规律及解剖知识，以线来塑造形体的一种表现手段。在训练过程中，从几何形体入手，逐步过渡到对复杂的人造形态和自然物象的刻画。要从多角度观察研究其空间比例关系，把所描绘对象看不见的结构关系也表达出来。目的在于强化对物象形体的空间结构关系，把握其形体的特征，从而准确生动地再现其空间结构形态。

（2）**表现性素描**。表现性素描是设计素描教学不可缺少的主要课程内容，需要通过对明暗形态造型的训练。使学生基本掌握明暗形态造型的观察、分析、理解与作画方法，从而培养与提高学生面对物象或某一主题能较丰富地进行明暗手段造型的能力。

（3）**意象性素描**。意象性素描是创意形态造型中主要的内容，它训练学生的创意性思维，培养学生的创造能力，这是设计素描教学的核心思想。所谓意象就是创意，是指有创造或创新。这部分课程内容之所以被安排在最后阶段，是因为学生在经历了前面的基础训练过程后，能有效地发挥这一阶段的训练作用。

设计素描是为设计服务的基础课，设计素描的教学归宿是培养学生形态空间的想象能力及表现能力，培养学生从形态出发来观察、认识、理解、表现的好习惯，最终达到创造性表现新形态的能力，这也是设计素描教学的重要意义所在（图导-17）。

a 学生陈伟作业　　　　　b 学生陈伟作业

图导-17

设计素描的表现方法

艺术设计的素描与传统素描的关系

设计素描和传统素描同是绘画艺术基础教学的重要组成部分。设计素描是平面设计、工业设计、环境艺术设计、建筑设计等各类艺术设计专业必开的重点基础课。它秉承了传统绘画素描的基础，将造型基础训练有目的的同专业设计结合起来而独立存在。如果说传统绘画素描是为纯艺术而服务的，那么设计素描就是属于实用美术，它是为设计艺术服务的艺术。因此，加深设计素描与传统素描的区别与联系的认识至关重要。

一、设计素描与基础素描的特征

设计素描是艺术设计学科的基础课程，它以比例尺度、透视规律、三维空间观念以及形体的内部结构剖析等方面为重点，训练绘制设计预想图的能力，是表达设计意图的一门专业基础课。设计素描课程教学的主要任务是：对客观形态构造特征进行设计与分析，发现客观事物的根本属性特征，通过设计素描的训练培养敏锐的观察力、思考力、创造能力以及分析与归纳能力。设计素描作为艺术基础造型的一种训练手段和方式，必然有其自身的特点。在其发展完善的进程中，不断受到西方传统美学观念的影响和我国传统美学观念的渗透。在表现形式上，设计素描不以其再现自然为目的，而是从研究自然形态下手，获取客体本质特征，然后超越客体的外在表现形式，达到主动性的认识与创造。由于设计素描性质有别于其他素描，因此具有如下特征：

（1）**客观性**。设计素描必须遵守客观对象的本质

特征，通过研究观察形态，获得设计造型表现手段。开发造型思维创新意识，培养领悟美的能力并真实传达设计创意和艺术表现，使主客观在真实的基础上，建立一套完整的发现对象和表现对象的视觉传达交流体系。

（2）**本质性**。设计素描不仅为客观形态表现结构特征进行分析与把握，而且还要通过对客观形态外部表层因素，发现客观事物的根本属性特征。通过设计素描的训练，培养敏锐的观察力，思考、分析与提炼归纳能力。

（3）**逻辑性**。这是设计素描最为重要的一个特点。形态与形态之间，形态与结构之间，形态与构造之间，形态与功能之间都存在逻辑关系。设计素描必须把握逻辑的推移，逻辑的切换，逻辑的发展，进一步强化思维的辩证过程，进而理解事物，分析事物，对事物表现特征进行重构和演绎。

（4）**多样性**。设计素描不仅研究形态的立体造型，还拓展到对形态的表现。如：结构空间、构成，材质、肌理、媒介与技法等，在表现形式上，语言丰富多样，有形态结构空间分析；有具象写实的超客观再现，也有从装饰到抽象或意向的主观表现。因此，设计素描研究和探索的范围极为广泛，为艺术设计的创意和表现空间开拓了丰富的领域。

（5）**创造性**。设计素描不依形式本身为最终目的，旨在探索客观世界的过程中，去发现，寻找存在于客观事物中的审美特质，创造出新颖而别致的视觉形式，重新构建人性化设计理念。

基础素描与设计素描同是艺术基础教学的重要组成部分。基础素描，作为一门绘画艺术基础课，以质感、明暗调子、空间感、虚实处理等方面为重点，研究造型的基本规律，画面以视觉艺术效果为主要目的。

二、设计素描与基础素描的差异

1. 造型功能的差异性

基础素描是培养审美感受，是提高素描造型能力的基本手段，基础素描的造型功能是通过富有审美

性和感染力的绘画对象，发挥作为精神产品的本质功能，实现鉴赏性艺术的认识作用、教育作用和审美作用。设计素描是以素描作为媒介，去探索、认识和表现物象的结构关系，提高对结构规律的认识能力和表现能力，进而为创建新的结构秩序或表达新的结构形态奠定基础。设计素描的造型功能必须具有工艺美术的本质特征，即注重造型功能的物质性、实用性的表达，而其精神性、审美性则是从属的、第二位的。

2. 造型思维的差异性

造型思维是伴随造型过程的一种心理活动。无论是基础性素描还是设计素描。其造型思维都是有共性的过程，即从感性认识开始，通过理性分析与判断过程，求得对客观物象的深入理解和表现。但是，由于两者的造型功能和目的要求不同，其造型思维的方法与侧重是有差异的。基础素描的思维过程，从生活观察、体验、收集和积累创作素材，到艺术形象的创造和表现，主要表现为一种感性的形象的思维过程。需要融入并通过理性分析、综合概括的思维活动，但这仅仅是认识、理解和表现客观物象的一种手段、一段过程，最终仍然要回到感性的、形象的思维之中，即所谓还原到"第一印象"，以自身的主观的审美情感去塑造和表现客观物象。基础素描的造型思维是以感性的直觉认识为基础，感性思维与理性相结合，以形象思维为主要特征的造型思维活动。设计素描的造型思维过程，虽然也往往是从感性认识开始，也有形象思维参与，但它是以逻辑思维贯穿始终，将感性的形象的思维统摄于理性的逻辑思维之中，以逻辑思维为主要特征的造型思维活动。设计素描强调造型的严谨性、有序性与合理性，因此其造型思维就表现出严谨、有序、合理的逻辑思维特征。符合工艺美术设计的功能性与实用性原则。

3. 造型方法的差异性

设计素描和基础素描，都是借助一定的材料和手段，在三维空间的画面上表现具有三维空间的立体形象。但是，在造型的一般方法上，两者还是有显著差异性的。

（1）观察方法与构图的差异性。印象派大师德加说："素描画的不是形体，而是对形体的观察。"可见素描代表着艺术家对造型的观察，对形体的思考，对视觉信息的反馈与处理方式。从视觉思维的特质着眼，素描是个人对视觉信息最直接的反应和处理，并因情感或理念的志向而趋于深化的一种视觉演化进程。

整体观察的原则是基础素描与设计素描都必须遵循的，除了整体观察之外，设计素描还得更加注重立体的观察方法。基础素描的所谓"立体观察"是指观察时注意对象是占有一定空间的立体物，其视点是固定的，对象的位置也是固定的。设计素描的立体观察是多视点、多角度、多方位的观察方法。写生对象的位置不需固定，可以经常移动，是全方位的立体观察，有利于更正确地理解和分析其内部构造特点。测量也是观察手段之一，设计素描的观察常和测量与推理结合起来，透视原理的运用自始至终贯穿于观察的过程中，不同于基础素描注重肉眼感觉的直观方式。

由于设计素描是为了锻炼表达设计意图能力这一目的，它的构图要求没有基础素描那样讲究。单个物体的构图，只要注意上下左右的范围，四周留出适度的空间就行，表现的对象可以安排在画面正中。设计素描的虚实变化也不太强调，不像基础素描那样把后面的物体画得过虚，因为这对全面、透彻地分析理解物体结构是不利的。构图安排属于审美范畴，设计素描首先要考虑的是分析理解对象的结构关系，所以其构图设想只要不与总要求抵触就行，对统一均衡多考虑一些，而对虚实、疏密也不强调过分，否则就会损害设计意图的表达。

（2）方法步骤方面的差异性。基础素描掌握了作画步骤，通过几个阶段的逐步深入，通晓了作画的全部过程，也就基本上领会了素描方法的要领。但基础素描的学习，在掌握了一定的技巧，具备了相当的水平之后，允许而且有必要冲破某些步骤的束缚，打破某些清规戒律，充分发挥个人的想象力和创造性，为能获得更为理想的效果。可以允许不择手段、不拘常法的特殊艺术处理，这是基础素描作为美术基础的绘画性特点所决定的。正如古人所谓："从无法到有法，再从有法到无法，无法是为至法。"可见对于基础素描来说，掌握作画的方法步骤，还不过是手段而已，方法步骤的最终目的仍然是为了画面效果。

对设计素描来说，作画的过程比画面的效果更重要。设计素描是以表达设计意图为目的，重点就是要放在理解领会对象的结构方面，它强调领悟结构比领悟效果更重要。领悟结构必定要通过有条不紊的作画步骤才能达到。正确的、规范的方法步骤，同时是分析、理解、思维、领悟、推理的过程。作画的步骤不乱，思路清晰而有头绪，在结束阶段就顺利地达到理解形体结构的目的。

基础素描在定点切块、抓基本形阶段，一般不硬性规定首先抓准一条线条，而是注意整体感受，抓住线条之间的比例、斜度关系。设计素描则不然，它要求在开始阶段必须先抓基准线。基准线确定后，根据透视的有关原理画出另外两条透视缩减更为强烈的边线，从而得出准确的基准面。

基础素描的定点、切块、抓基本形，不能完全等同于设计素描的基本体块。基础素描强调的是整体感受，它是以直觉为前提的，主张抓住"第一印象"，感性认识占主导地位。而设计素描从抓第一条基准线开始，就得积极开展理性思维，一刻也不能离开透视原理的运用。每个点位的高低左右，每条线条的长短斜度，每个形状的大小宽窄都得有一定的透视依据，都得接受透视原理检验，不能仅停留在感觉上"合适"与看上去"舒服"就行的表面效果。

（3）表现形式和手段方面的差异性。基础素描通常的表现形式是明暗调子，基础素描的重要课题之一就是分析明暗规律与理解结构。它要求画者以明暗层次为手段，充分地、生动地表达客观对象的体积感、质感、量感、空间氛围感以及某种程度的色感（指色度区别）。

设计素描的表现形式主张紧扣专业要求，主要用简练、明了、准确的线条表达形体结构，尽量避免明暗手段。线条的价值在于准确，在于符合透视规律，因此，设计素描对比例尺度的要求尤其严格。

为了适宜以线条为主要表现形式来进行造型，设计素描写生对象的照明不用打灯光，多用自然光、漫射光，或者采用多光源的光照，"光"不是设计素描的主角，表达和理解物体自身的结构本质才是目的。

基础素描的绘画性，决定了它以画面视觉效果为最终目的，因此，明暗调子是通常采用的主要表现手段。设计素描的专业性决定了它以理解、剖析结构为最终目的，简洁、明了的线条是它通常采用的主要表现手段。

（4）空间观念和细节表现方面的差异性。由于基础素描与设计素描的表现形式不同，基础素描的画面效果注重视觉形象的表现，形象的艺术感染力是衡量画面效果的标准。设计素描的画面效果注重对形体结构的理解，对形体结构表达得是否正确、科学，是衡量设计素描画面效果的标准。

首先，在空间与立体的表现方面，一些画得比较充分深入的明暗基础素描，立体和空间的表现十分真实生动，给人以亲临其境的感觉。然而，这是一种诉诸感觉的空间感和立体感，它和设计素描的空间表达要求不能完全等同起来。设计素描画面上的空间实际上是对三维空间意识的理解。设计素描要求画者具备很强的三度空间（或称三维空间）的想象能力。关于三度空间的想象和把握，在很大程度上并不取决于画者表面的感受，而是决于思维的推理。设计素描要求把客观对象想象成透明体，要把物体自身的前与后、外与里的结构表达出来。这实际上就是在训练我们对三维空间的想象和把握能力。设计师用设计素描以及其他手段表达对产品的最初设计意图，其目的是为了创造实实在在的产品的样式和造型。也就是说，能力的培养是平面的表现终究要向立体的表现过渡，而这种能力与基础素描的空间感表达完全是两个概念（图导-18）。

其次，在形象的典型细节表现方面，设计素描所要表现的是对象的结构关系，它要说明形体是什么构成形态，它的局部或部件是通过什么方式组合成一个整体的，为了在画面上说明这个基本问题，就要排除某些细节表现。设计素描关心的是对象最本质的特征，这些本质特征要从具体的现实的形体中提炼、概括出来。基础素描与设计素描虽然在观察方法，构图安排、表现形式以及画面效果等方面都有一定的要求，但其内涵是不尽相同的，很多地方还有相当大的差异性（图导-19）。

a 学生吴瑞宝作业

图导-18

b 学生吴瑞宝作业

学生吴瑞宝作业

图导-19

设计素描

　　总之，随着艺术形式的多元化，素描的形式不断发展与变化，基础素描的形式也在发展，同时，设计素描也作为一门独立的艺术设计专业基础课程深入到素描的艺术教育中。它在很多方面具有不同于基础素描的特殊要求和规律。探讨和通晓这些要求和规律的专业特性，也是基础素描与设计素描必须研究的课题。

CHAPTER

01

设计素描的基本元素

一、设计素描的表现方式

在设计领域，每一种设计都有各自所需的要求和表现方式，表现方式具有多样性。设计素描是设计师表达思维的一种方式，这既注重多样性、灵活性，又注重设计师的内心感受。

（一）铅笔画

1. 铅笔

铅笔，顾名思义应当是铅做成的笔。然而我们现在所用的铅笔笔芯的主要原料却是石墨而不是铅。之所以称其铅笔，是因为很早以前，人们的确是用铅写字、记账。石墨属于一种天然炭，是由原始森林在地层深处受压受热重新结晶而成的片状晶体。片层间微弱的结合力使石墨更具光滑感。石墨容易碎，所以不适合直接用作素描材料。现在的石墨资源很多，遍布世界各地。铅笔笔芯的硬度取决于黏土和石墨的比例，黏土越多，笔芯就越硬。

铅笔的外皮一般为木制，是厚的木板，被加工成又薄又长的形状，将其浸泡在一种油质乳胶中，这样做可以达到润滑木质的作用，从而使得铅笔比较好削。

2. 铅笔的种类

铅笔的分类正是按照笔芯中石墨的分量来划分的。一般划分为H、HB、B三大类。其中H类铅笔，笔芯硬度相对较高，适合用于界面相对较硬或粗糙的物体，比如木工画线，野外绘图等；HB类铅笔笔芯硬度适中，适合一般情况下的书写；B类铅笔，笔芯相对较软，适

合绘画，也可用于填涂一些机器可识别的卡片。比如，目前我们常使用2B铅笔来填涂答题卡。

（1）6B：铅质软，色调深，画暗面。

（2）4B：铅质较软，色调较深，画暗面线条。

（3）2B：铅质较软，色比HB深，常用。

（4）HB：铅质一般，色比2H深，比较常用。

（5）2H：铅质较硬，色一般，比较常用。

（6）4H：铅质较硬，色有一点浅，画细小亮面线条。

（7）6H：铅质硬，色较浅，画亮面。

3. 其他用品

（1）纸张。因为画素描需要反复勾画与擦拭，所以对纸的要求是耐磨、结实；又因为铅笔软硬不同，导致颜色轻重不同，所以要求纸张具有吸附能力。常见如带有颗粒纹理的纸张、彩色卡纸、牛皮纸水粉纸等多种纸材。

（2）橡皮。画素描时用什么橡皮也是有一定讲究的，很多同学以为橡皮就是用来擦除错误线稿的，其实橡皮不仅可以帮你改错，也能帮助在素描时，成为一种特殊的白色画笔，如高光提亮、暗部反光。画画用的橡皮千万不要选平时做作业用的那种白色橡皮，那种橡皮质地硬，在纸张上擦除多了，甚至会破坏纸张的纤维纹理。

一般美术橡皮，质地比较柔软、有弹性，轻轻擦拭简单省力，便于清洁，适合擦除画错的线稿，或者大面积的痕迹，不会弄破纸张，对纸张纤维磨损较小，且不影响周围画面。

可塑橡皮就如同橡皮泥，不仅可以随意变形，塑造成任意的形状，而且还具备橡皮的功能。其优点在于把擦掉的碎末粘在橡皮上，做到真正的无屑无尘。当暗部画过的时候，可以用它轻易地提亮修改，还能修改擦除局部细小的细节，调整色调。

4. 铅笔素描的表现方式

铅笔绘画是一种很好控制的表现方式，它表现出灵活多样的特点吸引了所有的绘画者。铅笔画因为绘画者对铅笔的控制非常自由，产生了丰富的层次。既能产生顺滑如丝绸般的质感，又可以产生粗糙如树皮的画面效果。

（1）**铅笔画的线条表现**。线条的表现方法多种多样，非常丰富，可长可短、可粗可细、可曲可直，线是艺术表现的生命力。还可以用排线的方法来表现一个面，线的轻重变化形成面的虚实、凹凸等复杂的变化。所以，对于一名绘画者而言，素描线条表现手法很重要。

一般来讲，"B"系列的铅笔较为常用，因为铅质较软，表现出来的线条较为灵活，它运用起来极其自然，色调的处理和控制也较为轻松，大的画面效果很容易产生，具有温和稳定的特点。"H"系列的铅笔表现力也非常丰富，运用"H"系列铅笔，可以控制很轻巧的笔触，线条极为细密，画出的笔触动感强烈，能够进行画面细部的刻画，使得画面具有动人的气氛，这是软性铅笔很难体现出的。

简单地说，线条与线条之间有微妙的明暗关系，运用得当就会产生丰富、梦幻、多变的画面效果，如富有节奏和规律的线则给人一种愉悦舒适的感觉；一团强有力的曲线扭成一团则代表着愤怒的情绪；单独一根线条也有明暗对比关系，这是因为绘画者手部用力不同所产生的效果，运用得当会使画面更加灵动、富有生命力。

（2）**铅笔画的色调技法**。铅笔画色调形成最具代表性的、最普遍的、最有效的方法是交叉线的运用和阴影处理。

1）交叉线法。交叉线的画法是用单纯的铅笔线条向两个或者两个以上的不同方向展开。交叉线条画法可以是无所依靠的（也就是更加感性的），也可以根据被画物体的结构、形态来进行（也就是更加理性的），使其更具有说服力。这种技法对纸张的选择也是有要求的：纸张表面越粗糙，表面纹路越无规律，就越容易破坏交叉线的形式美感和规律，只有在较为光滑的纸面上才能保证线条清晰，且使铅笔留下的印记看起来具有吸引力（图1-1）。

2）明暗阴影法。形成色调最简单的方法就是通过手臂、手腕的自然活动在画面上打出阴影。这种铅笔的色调技法，使得画面的气氛营造的柔和、舒缓、自由，有透气性，在形体和空间的塑造上能出现较为随意地表现性。简单来说，就黑、白和灰三大面来反应客观对象的体积、空间、虚实、结构等，强调素描艺术的直观真实性。另外，在处理阴影时对画面进行"蹭"或摩擦，也能产生很丰富的画面效果。可用手指、纸团或笔擦等工具来摩出阴影或是使线条变得柔和，也可以试着用不同硬度的铅笔通过摩擦来进行画面色调的对比，体会其中的微妙（图1-2）。

3）写实画法。由于铅笔具有能够全面表现出画面全色调的特点，对描绘对象的形体、质感、肌理均能极为细腻地表达和刻画，所以铅笔可以用来进行高水平、精细的修饰。通过"H""B"两个系列的铅笔组合使用，使画面色调微妙变化，表现出的图像效果比任何单一级别的铅笔都更具有强烈的视觉精致

a   b   图1-1
                                          铅笔画交叉线法

a

b

图1-2

铅笔画明暗阴影法

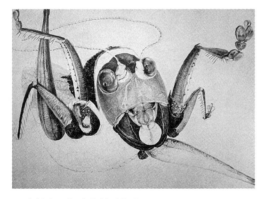

a 央美大一新生的基础作业

b

图1-3

铅笔画写实画法

性（图1-3）。

4）铅笔淡彩画法。它的绘制方法就是将铅笔绘制的画作为一种底层画，然后在铅笔绘制的画上面涂上淡淡的水彩或者丙烯颜料，这种方法就如同在黑白照片上上色，产生一种年代感。铅笔淡彩稿不必画得太深入，只需要勾画出简单的明暗调子，上色基本是平涂，颜色一定要薄而透明，不要画脏，如果一片颜色上好后需要加颜色使它变的更深的话，这时候什么时候去上色就很重要，如果在画面非常潮湿的时候去上，那么就容易把颜色混在一起，造成画面浑浊、脏的感觉，从而影响到画面的效果，控制好水分，一般在半干的时候衔接另一块颜色比较好。底画的色调一般比完成作品的色调要浅一些，这样做是为了在阴影处给深色透明的颜料以真正的深度。画好的颜色要依稀看出铅笔的线条，体现铅笔淡彩的特点。这种方法画出来的作品整体淡雅，并带有一种质朴的情趣（图1-4）。

5）笔擦画法。笔擦，完全可以自己制作，制作方法就是将一般的信笺稿纸层层紧密地卷和，再用胶水进行固定，待其干燥之后，用削铅笔的方法将纸卷削出笔锋，即可在画面上摩擦使用。使用的时候可以直接对画面进行涂抹，也可以将铅笔粉涂于纸卷笔锋之上，再进行画面图绘。笔擦画法具有以下几个优势：使画面层次更加丰富，加快了绘画速度，过渡画面明暗面使之更容易调整（图1-5）。

5. 彩色铅笔画的表现形式

彩色铅笔色彩的持久性相对于铅笔画弱一些，所以多数彩色铅笔画会因光照而褪色，以至于传留下来的彩色铅笔画作品非常稀少；并且彩色铅笔画在制作上较为复杂，化学原料的比例稍不平衡就会使彩色铅笔在作画时出现种种的画面问题。现在的铅笔厂商已意识到这些问题，并着手生产耐光性更稳定、不易褪色、画感流畅的彩色铅笔。在测试中，在等量等时的烈日下暴晒，被放置在一起的水粉画、水彩画均开始褪色，而彩色铅笔画和油画并未褪色。自可溶于水和可溶于松节油的可溶性彩色铅笔问世以来，产品选用范围已显著扩大，可行的操作和彩色铅笔绘制技法也随之大大丰富（图1-6）。

（1）彩色铅笔的材料。彩色铅笔与石墨铅笔的生产方法基本相同，只是彩色铅笔的铅芯不能在窑中烧制，因为这样会破坏颜料的性能。彩色铅笔铅芯配料为颜料、添加剂（滑石粉或高岭土）和一种黏合材料（羟基纤维素甲醚类的纤维素树胶）。

彩色铅笔是种半透明材料，巧妙地使用水或松节油（取决于铅笔的类型）可使画面具有"水彩"效果，并保留渐变的颜色层次。多见于时装设计师绘制的各种时装效果图，具有快捷、方便、效果易显的特点。

彩色铅笔对画纸表面性质特别敏感，颗粒纸的表现效果与光滑纸的表现效果截然不同。这就需要我

a 央美大一新生的基础作业

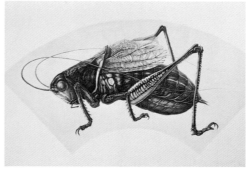

b 央美大一新生的基础作业

图1-4
铅笔淡彩画法

a

b

图1-5
波兰艺术家 Justine 的铅笔素描

a Jennifer Healy 的铅笔画，关于花与少女

b 波兰艺术家 Justine 的铅笔素描

图1-6
彩色铅笔表现形式

们在绘画之前，先对纸张进行充分的认知，掌握其特性，然后再进行画面的绘制。可以先从质感较为粗糙的纸张入手，而后变换各种纸张进行材料理解。

（2）**彩色铅笔画的技法。**彩色铅笔在纸面上可以产生范围很广的画面效果，不但能像普通铅笔一样运用自如，还能绘制出从柔和浅调的速写到具有丰富色调的高清晰度的作品。用彩色铅笔可以获得许多不同的画面效果。如可借助与纸张的纹理，借助于溶剂等。

彩色铅笔最显著的特点在于微妙的视觉色彩混合。就是说铅笔在用于绘画之前，颜色未经混合，在绘制过程中采取呈斜线密布或各种交叉影线重叠达到色彩混合的目的。这样做可以灵活地把握住过度部分的颜色或色调，使画面色彩关系更加丰富。

在彩色铅笔画中，水溶性彩色铅笔能迅速达到"既有画又有绘"的绘画效果。水溶性彩色铅笔比普通彩色铅笔的效果更加柔和，因此更易于着色、易于深入表现。

因为属于半透明材料，所以上色时要按照先浅色后深色的顺序来绘制，不可操之过急。否则画面颜色容易深色上翻，缺乏深度。用彩色铅笔画出均匀的色调需要反复绘制才能实现，这是个较为漫长的过程，不要急躁，因为这种技巧需要不厌其烦的在纸上进行多次描绘，才能使画面达到一种理想的效果。

彩色铅笔常常令人想到柔和速写的风格，在这方面有许多优秀的实例。但是，除了速写风格之外，他

还能创作出高精细的作品，甚至连硬金属器物类等比较难以表现的质感都可以成功地表现出来。

（二）炭笔类

1. 炭笔画材料介绍

炭笔是最古老的绘画材料之一，炭笔的主要原材料是木炭粉，它是由柳枝、藤枝或柴枝等经高温密闭经过不完全燃烧烧制而成。木炭是木材，有的炭笔带有木炭的赭褐色，一般为黑色。炭笔表面比较粗糙，不反光，比较适合画涩的线条，线条力度感较强，还能擦出不同的肌理效果，所以炭笔的表现力很强。但是炭笔在纸张上的附着力比较强，用橡皮不容易擦掉，不易修改。由于炭笔表面粗糙，画画时力度掌握不好还容易破坏纸张表面。据早期记载，炭笔主要用于版画和壁画创作。今天，炭笔仍作为上色前描绘图像的一种工具，而且其本身也是一种非常具有表现力的绘画工具（图1-7）。

（1）**炭精笔。**炭精笔是用煤黑颜料混合一种颜料结合剂压缩而成的，有方形炭棒和圆形的炭铅笔两类。与柳木炭条相比，这种炭笔质地紧密、色量较重，可以呈现出很深的黑色，所以不适合油画的底稿，因为这种炭迹不易被擦掉而且还容易弄脏底稿颜色。但作为一种绘画工具，它丰富的表现力可在画面上产生浓重的线条和柔和的暗色调。

（2）**木炭条。**木炭条是画素描最古老、最受欢迎

a

b

图1-7

炭笔画作品

的工具之一。木炭条质地较为疏松，硬度不一，有极软、软、不软不硬之分。既可画出浓重的湿润、富有弹性的线条，也可以带来轻柔、细腻的视觉感受。在操作时，可运用手指或纸擦笔对画面进行涂抹。但如果拿捏压力过大，就容易折断或者压碎，所以在进行画面处理的时候，尽量注意拿捏轻松。

（3）炭笔固定剂。在过去，炭笔的固定剂是虫胶、特种树脂或松香的酒精稀释溶液。现代的专用固定剂是一种溶于聚乙烯醋酸盐溶液的易挥发的醋酸盐溶剂，以罐装出售，适合小型作品的使用。它可用透明无色喷漆、喷发胶或乳胶稀释液代替，但喷涂效果不尽如人意，因为在喷完的一段时间，画面色调会渐渐发黄，影响画面的整体效果。

（4）炭笔画底材。多数优质纸张都可以作为炭笔画的底材，但较柔软、粗糙的纸较好，因为这类纸张能够有效地吸附炭粒。光滑质地纸张也可以使用，要根据自己的创作内容而定，无统一规则。

2. 炭笔画的技法

炭笔可利用纸的纹理绘出优美的色调，通常是用炭笔的侧部大面积快速涂抹；还可以将薄纸铺在有纹理的木头或砂纸上，表现其他质地或肌理效果（类似拓印），或用手指或纸擦笔涂抹画面，使色调或炭笔线条柔和并变淡，从而获得色调均匀的渐变效果；也可用纸擦笔涂上炭笔末做制图工具。

（1）**纸张纹理的利用**。在粗糙的纸面上进行涂绘，通过对炭棒用力的不同，改变其画面色调的深浅度。这是一种大面积渲染的有效方法，比用颜料或铅笔速度快得多。

（2）**涂擦色调法**。在较光滑或粗糙的纸上都可以使用涂擦这种手法。如果纸张表面过于光滑，炭迹容易脱落，可以增加涂擦的压力，并且涂擦的方法对调整画面能起到极大的作用。相对使用底纹纸渲染形成的色调，手指涂抹可以产生非常均匀的渐变。

（3）**纸擦笔**。这里指的纸擦笔就是纸卷擦笔，它是由卷起的纸制成（前面已经讲过制作方法），也有皮制的。纸擦笔主要用于纸面炭迹的渲染以及形成混合或渐变的色调，也可独立作为绘图工具使用（用纸擦笔的"尖"头在炭棒上摩擦来沾上黑色颜料在纸上

创作，画面色调的深浅取决于沾上的颜料的多少及手部用力程度）。

（4）**炭笔综合其他绘画方法**。其他的材料都可以尝试和炭笔进行结合，展现独特的创作思路，如水彩、水粉、油画、铅笔、水墨、丙烯等。

（三）钢笔类

1. 钢笔画材料

（1）**钢笔**。除传统的羽毛管笔和竹笔以及众多的钢尖笔以外，现在也有许多新型绘画钢笔，包括各种复杂的工艺钢笔，它们主要用于技术制图，但也为艺术家提供了一种新型的、可行的绘图工具。

钢笔笔迹的特点是由笔尖类型和供墨情况来决定的。有些笔尖，特别是钢制笔尖，灵活性相当强，可绘制出粗细变化的线条，使画面的线条变得较为丰富。钢笔的种类及其用笔方法很多，各有各的特色，配合使用效果更佳。

（2）**墨水**。除了加入颜料而不是水溶染料制成的黑色墨水外，其他较鲜亮的带颜色的墨水褪色很快。不过，墨水的引入很可能使艺术家创作出全彩作品，而不仅仅是使用传统的黑色墨水进行绘画。

（3）**底材**。钢笔画的底材较为广泛，但吸水性过强的纸面容易渗色，会失去钢笔线条的明快感。不过，有的艺术家为了追求独特的画面表现，专门使用吸水性强的纸来进行绘画。其他类型、质地的纸也可以尝试使用，不同的纸材会带来不同的创作乐趣和创作灵感。

2. 钢笔画技法

钢笔画中常容易被人忽略的特点是：一条线可以有色调变化，并且出现墨线渐变的特殊效果，即一条线在画面上可以有变化，可以有情绪，可以有张力，也可有语言。把握钢笔的线条特性，再尝试结合其他的绘制方式，画面将更具神采（图1-8）。

（1）**线条的展示法**。直接用钢笔来进行画面的刻画，线条之间互相穿插、互相积累，共同营造出一个艺术实体。

1）笔触平行的排列：是组成笔触自身表现力的基础表现，有垂直、水平、倾斜、弯曲等多种形式。

a

b

图1-8
钢笔画技法

2）波状曲线的排列：视觉强烈具有动感和节奏感，适合刻画木头的纹理和水的涟漪。

3）交错线条的排列：线条的叠加效果强化了粗糙表面的质感和加深了明暗程度。

4）放射线条的排列：这类线条具有运动感和方向感。常成簇出现，适合灌木、草丛及皮毛等。

5）涂鸦式线条：无明确形状和轮廓，展示自由轻松、蓬勃柔和的感受。

（2）**湿画法**。将绘制完成的画面上的线条打湿，营造出一种羽毛般的柔和效果。纸张湿润程度的不同、纸张吸附力的不同、钢笔着墨的多少等元素，都会对画面的变化起到至关重要的作用。

（四）毛笔类

毛笔画是画家的手迹，比其他任何手段都更能够反映出画家的个性和决断。毛笔具有出奇的流畅感和控制感，在绘制画面时，它的变化最为丰富，趣味性强，是一种不可多得的创作工具（图1-9）。

1. 毛笔画材料

（1）**绘画材料**。虽然毛笔画最普遍使用的传统材料是墨汁，但是根据底材的不同。也可以使用包括矿物质颜料、水彩、丙烯甚至油彩的任何绘画材料。毛笔一般分为软毫、硬毫和兼毫。可以根据对画面的要求，选择相应的画笔，这样绘画的时候会更得心应手。

不同的毛笔可以创造出各具特色的画面效果，同时，任何一种笔材都可以与各种软毛和硬毛毛笔以及各种底材结合起来使用。

（2）**底材**。纸张、丝绸或绢是传统的毛笔底材，但也可用其他画布或画板作底材。中国的纸材因适用于毛笔创作而著名，因为纸张吸水性好。用丝绸或绢作绘画底材的方法也较为普遍，因为丝绸和绢具有天然的强吸水性，在上面绘画能达到一种既湿润又柔和的视觉效果。

2. 毛笔绘画技法

几百年来，艺术家们对单轮廓线毛笔表现力强的特点不仅已有所认识，而且不断加以开发。

（1）**快速画法**。由于毛笔工具和材料的特点，设计师常常运用这一快捷而灵活的表现形式，进行意图、概念的表达，而且往往表现出意想不到的视觉效果。简单来说就如中国画中的写意画，"以形写神"的追求下，绘图者只用寥寥几笔就能表达出物体最本质的东西，让人一目了然。

（2）利用纹理。毛笔线条的特性取决于毛笔和底材的性质。在光滑的纸面上绘画，线条坚实、凝重、力度四溢；在粗糙的纸面上绘画，线条因纸面的颗粒效果而变得柔和。

（3）色调画法。毛笔创作不仅仅是单纯地使用线条，它还可以创作出具有色调的画作。

（五）色粉类

1. 色粉笔

色粉笔又叫作软色粉或干色粉，颜色极其丰富，有多达550余种的颜色供选择。可以画出色调非常丰富的画面，不过一般5～100种色彩就足够了。由颜色、用途各异的色粉笔完成的创作叫作色粉画。色彩简单地被画在纸上或画板上，整个过程完成得迅速快捷，即画的就是人所观察到的，不用准备颜料，也不会因某些原因使颜色发生变化。这种简单的创作形式也适用于复杂的情形，对此，许多色粉画家都在他们的作品中有所体现。色粉画既有油画的厚重又有水彩画的灵动之感，且作画便捷，绘画效果独特，深受西方画家们的推崇。色粉画是西洋主要色彩画种之一，它是从素描演变过来的。早在15-16世纪，人们就已经开始使用这种凝固性弱的颜料来进行创作。相当多的画家一直探索这类材料的实用性，其中最成功的是著名的色粉画家——印象派大师德加。

色粉画从效果来看，它兼有油画和水彩的艺术效果，具有其独特的艺术魅力。在塑造和晕染方面有独到之处，且色彩变化丰富、绚丽、典雅，它最易表现变幻细腻的物体，如：人体的肌肤、水果等。色彩常给人以清新之感。从材料来看，它不需借助油、水等媒体来调色，它可以直接作画，如同铅笔般运用方便；它的调色只需色粉之间互相撮合即可得到理想的色彩。色粉以矿物质色料为主要原料，所以色彩稳定性好，明亮饱和，经久不褪色。

色粉画表现力强，它的色相非常鲜艳与饱和。有的还有些荧光的效果，闪闪发亮，这是其他颜料中所少有的。所以色粉画的效果很特殊，颜色既可以画得很强烈，又可以画得特别的"糯"与柔和。色粉画比油画要轻便，也不像水粉、水彩那样有一个水分干湿衔接的问题。所以它不受时间和水分的限制，既不用调色油，也不要计算水分，简易便捷，十分省事。

虽然色粉画的色彩稳定不易褪色，但色粉画的画面比其他类材料绘制的画面更易蹭掉颜色以及被损坏，它呈现出"粉尘"性的画面特点，为使色粉画保留持久，一经完成就必须立即对画施加保护。

2. 材料介绍

色粉是用颜料粉末制成的干粉笔。它的等级范围

a

b

图1-9

德国Andreas Preis素描风格

有硬性、中性和软性，形状也各异（如薄或厚，长方体或柱体等）。色粉笔根据个人需要的颜色可进行单只购买或成套的购买，成套设定的数量没有严格规定，不同的品牌数量也都不一样。

由于色粉绘画的艺术效果主要表现色调，因此，色粉盒中的色度系列越多越好。

（1）**固色剂**。色粉在纸面上的吸附能力很弱。笔触很轻的作品，用嘴吹就能吹掉许多颜色，笔触重的作品如果不小心保护，用手涂抹，整个画面的色彩就会被破坏。所以，固色剂在软性色粉画的保护中就变得极为有用。现代专用的绘画固色剂为聚乙烯醋酸树脂（PVA），它们与任何一种过去传统的虫胶固色剂同样有效，而且喷涂的效果也比较出色。

（2）**底材**。色粉画一般以采用水彩纸或素描纸为佳，在颗粒纸或其他粗糙表面纸上的表现效果也不错，但不易附着在有涂层的亮光纸上。只要是糙面，一经摩擦，颜料就会吸附在上面。色粉几乎适用于任何略粗糙并且有着色力的表面（如牛皮纸、砂纸等）。色粉画多数利用一定的底色，这样就可以大大的节省成本，而且可以统一色调。营造出一种特殊的效果。许多时候可以留出一些纸的本色，而不必把画面全部涂满。保留一点习作的趣味，反而虚实相生事半功倍。

纸的粗细也有些讲究，细纸比较柔和，比较适合画速写性的画，着色也很容易，轻轻几笔就上去了，干净利落，格调明快，别具一格。细纸的缺点是不能反复修改，画的次数多了会把纸的颗粒"腻死"，再加就加不上，看起来也不"爽"。粗纸可以多次修改，适合多层次的画法，它可以反复修改而不会因画过一两层纹理后就已经腻死，而无法继续作画。这时候，就要用油画笔把原来的粉刷去，或者用可塑橡皮把多余的粉吸去一些，如果还不行，那就要在原来画坏的地方，涂上乳胶，再撒上一些金刚砂，干了以后就又可以再画了。

粉画纸一般以灰绿，棕色，灰蓝，乳黄等中间色或偏灰的亮色作底色，这个特点，为作者能充分利用底色，并能较快地统一画面色调提供了有利条件。为此，粉画作者应该把选择色泽冷暖，纹理粗细作为整个构思中的一个组成部分来考虑。大片面积的色彩希望它均匀柔和，可以用布或者手去擦。纸笔与油画笔也可以用来将色粉揉进纸纹中去，以免用手擦而损伤皮肤。

3. 色粉绘画技法

色粉作品有一种特殊的，柔和无光的质感。当你在画纸上进行绘画的时候，你会发现，色粉颜料都会沉积在纸纤维中快乐无比。

一般可以先铺大调子，然后再深入。粉画有个最大的好处，就是只要色彩基本正确，一般是不会脏的。但是如果加的次数太多，或者是在淡色上加了深色，也会发灰，发粉。这一点要特别注意。

笔力的轻重能在纸上产生出明度、色度的变化来，这是一种非常富有表现力的手法。由于粉画不需要事先调色，而且常在有底色的纸上作画，因此，粉画笔的原色，加上透出来的底色，实际上在视觉上已经产生了色彩的调和。尤其是经过揉擦的部分，色彩的调和更加丰富。

（1）**线条**。在色粉作品创作中，可以用手指、画笔或者其他方式将色粉色彩充分融合，形成柔和的色调。这种特殊的调色方法会让人感受到意想不到的创作乐趣。产生令人惊讶的画面效果。画面中的高光或需要色彩并置的部分可以用色粉直接涂绘。用色粉棒绘制时，手的用力变化也会呈现不同的画面效果，或肯定、坚硬，或柔软、飘忽。

例如，直接画法。就像大师德加的方法，直接用笔，以点，线，面进行并置，颜色不加混合与覆盖。这一画法，速度快，有激情，画面痛快淋漓，一气呵成，能发挥粉画色相丰富，用准确的线条和色块来塑造对象的特点。直接画法，一般层次较少，粉末也较薄，留下的笔触生动清晰。要求作者下笔准确，有一定的力度，手腕要有弹性，能灵活的用笔。这是这种画法的关键。这样的画法，既可以画快速、简练的画，也可以画得很细致，很深入。纸质以细的为好。

（2）**色彩**。轻轻地在一种颜色上涂绘上另一种颜色，并且纸擦笔将颜色抹开，就能产生两种颜色混合的效果。这种混合效果会出现梦幻气息的色彩。在某种纯色的主色调需要变暗或减弱时，这种色粉技巧非常有效。要使纸面上两种颜色的色调之间有过渡，可尝试将两种颜色交叉排列，再进行涂抹，使一种颜色融进另一种颜色之中。这样渲染之后出来的画面效果，光影微妙，色彩丰富，富有感染力。在产品设计领域，运用色粉表现产品效果，体现产品光滑自然的质感，自然而真实。

多层画法：就是非一次性完成。而用多次重叠的方法来完成。这种技法往往用来搞创作。这样的方法，表现力极强，色调的过渡也非常微妙。画面能收到浑厚，凝重，沉着，耐看的艺术效果。

多层画法先要有比较严格的轮廓造型基础，然后铺色，与画油画，水粉画一样，也是先深后淡。欲暖先冷，欲冷先暖。逐步加亮色调，这样色彩才会有透明感。有时候，为了不断地深入，在适当的时候，就喷一层固定液，以巩固其基础，保留画面的颗粒状，再继续作画。这个画法，纸张以较粗的为好。可以利用笔的轻重，在前面颜色的基础上，进行部分的覆盖。有时候还可以轻轻地用笔，让它露出一部分纸的底色，由于底下是粗的颗粒，所以会有一种很好看的肌理效果（图1-10～图1-12）。

（六）油性彩色粉笔

油性色粉笔与其他的色粉笔有显著的不同，它是用油料而不是树脂作颜料结合剂。它的颜色比较明亮，有一定的透明感，并有黏性，易于吸附在基底上。同时，它受温度的影响较大，随着温度升高，油性色粉颜料会逐渐失去黏性，从画纸上脱落，甚至仅是手指的温度也会使之软化，所以使用时最好不要拆下包装纸。油性色粉笔可以画在任何画纸或表面轻微粗糙的画布上。人们经常使用一种涂有防油底料的画纸或纸板。它也像油画颜料一样，可以用松节油溶解（图1-13）。

1. 材料介绍

油性彩色粉笔简称油性色粉。油性色粉使用颜料、碳氢蜡以及动物脂肪混合制成的，比软性色粉更接近于油画颜料。品质越好的油性色粉纯度越高，而且更富柔韧性。然而其柔韧性是会随温度发生变化的，在手很热的时候或天气很热的时候，使用油性

a

b

图1-10

2015戛纳国际创意节平面类奖

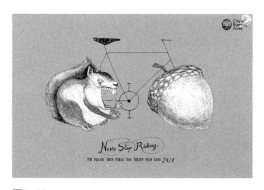

图1-11

布宜诺斯艾利斯爱丽丝公共自行车系统现在7天24小时不间断服务

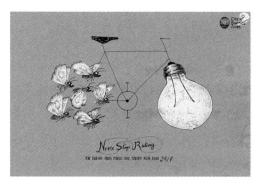

图1-12

永不停止骑行

a

b

图1-13

德国Andreas Preis素描风格

粉棒都会发现色粉棒极易变得像油泥，这种情形下较难控制色粉，也难以控制画面，画面上往往留下更多的颜色，容易变得脏乱。

2．绘画技法

油性色粉有各种各样的表现方式，如运用刮擦表现纹理效果，即在涂抹浓重的色彩上用刀片刮出质感和肌理；还可运用轻柔的渲染创造出有趣的色彩组合；还可将水粉、水彩或丙烯颜料结合起来开发出"蜡保护"技术（就是将纸面上需要处理的地方先施以蜡，然后在画面上涂抹水粉、水彩等颜料。在涂抹蜡的地方，由于蜡具有油性和不被水覆盖的特性，所以得以保护"纸面"不被水粉、水彩颜料影响，画面效果独特）；还可以运用松节油作为油性色粉的溶剂，来进行使画面更为柔和的处理等。

（1）**视觉色彩混合**。在叠加的颜色上用线条轻柔地渲染可产生出一种光混合效应，即通过观看者的眼睛将颜色混合起来。

（2）**松节油绘画**。虽然油性色粉又厚又黏，但可溶于松节油，这就意味着可以利用松节油将其调稀以获得薄涂层，这种技法在较厚的纸上表现效果最佳。这是借鉴了一些油画的表现技法。

简单介绍一下松节油的几种使用方法：

1）将纸先浸入松节油中，然后用油性色粉在湿的纸面上作画，待干了之后画面会出现细微的有趣肌理。

2）在干纸上用油性色粉作画，然后用沾有松节油的棉布或纸巾在画面上擦拭，使色彩柔和并且颜色变薄，画面"透气"、明晰。

3）将棉棒头浸入松节油中，然后用卫生纸将其稍微挤干，再用棉棒头对油性色粉刮擦，而后画在纸面上，这样可画出小面积的颜色。

（3）**刮画技法**。这种技法适用于在较为光滑的纸面绘画。先在纸上涂抹上均匀的颜色（用适合的刀片侧面将颜料墨入纸张纹理之中），然后再在上面覆盖其他的色层，再用刮板、油画刀等把最上面的颜色刮掉，展现出底层涂抹的颜色。这样的手法使画面具有"韧性"，操作起来比较简易。当然，这并不是唯一的规则，你也可以在底层涂几种混合的颜色，然后再进行刮。

（4）**结合线描**。这种技法在使用时，油性色粉的变化更加丰富，画面上线条与油性色粉同时出现，使观者感受到艺术的无限空间。

（5）**综合其他材料**。在运用综合油性色粉和水粉、水彩这些材料进行绘画时，可以充分利用"蜡保护"技术。因为油性色粉含有蜡与脂等化学原料，不会溶解于水，而水彩、水粉颜料可以吸附在画面中没有油性色粉的区域，这样就会同时在画面中出现两种或两种以上的视觉效果。

二、设计素描的表现类型

（一）形态的表现方式

在设计领域里，每一类设计都有自身的要求和表现方式，表现的方式是多种多样的。

1. 结构表现方式

一般意义上的结构是指各个组成部分的搭配和排列，在素描理论中，结构是形态的骨骼和灵魂。一个形态的结构如表现不好，这个形态就失去了生命。这里所指的表现是通过对形态的观察、理解、分析、思考乃至创意后对形态的再现，也就是我们常常说到的如何"看"、怎么"思"和"画"什么的问题，是眼、脑、手三者协调统一的外在表现。当观察到形态问题时，首先通过视觉思维机制传输到大脑，大脑感知到物体形态的形状、体积、大小、色彩和质感等信息后，通过思维分析，对所获取的相关形态信息进行选择，把所"见"和所"感"的内容，通过某种表达语言及形式表现出来。表现的形式是多种多样的，有具象、抽象、联想和创意，类型有实用型、观赏型和审美型等。表现的手法有平面、二维、三维、拼贴以及多层面和多角度等（图1-14）。

（1）**结构的概述**。结构是指形态物体的形状、尺寸大小、工作原理和连接关系。一般而言的结构，体现的是客观表现对象的内在、本质形态，它区别于其他物体具有专门属性的构造结构，这就是通常所说的解剖结构。另外还有依据客观表现对象的解剖结构抽象、概括出来的，又能客观表现对象内在、本质特征的几何形态即形体结构。广义地讲，还存在着在客观表现对象存在的空间形态中，不同的维度情况下，决定所属表现对象的总体空间形态。空间结构的实现是通过多维度空间的造型的有限与无限、静态与动态、虚与实的统一来实现的。

设计素描研究结构的重点并非表现、再现客观对象的构造结构的外表，而在深层次地挖掘内在结构和形体结构。并通过对结构的理性分析、把握、积累设计语言的元素，激发设计思维的创新意识，为以后的专业设计构造一个理想的平台。

设计素描作为一个设计的基础平台，其造型形态会向着各自相关专业倾斜。例如，对于工业造型专业可能倾向"产品感"；而在室内和景观专业则是"产品感""效果图"，从而体现"工艺美术所需要的素描造型基础是很明确地作为一种手段，作为从事设计所必需的一种基础能力而存在"的观点。

结构包含两方面内容：一是解剖结构；二是形体结构。

1）解剖结构。医生了解人体解剖学是为了更好地给病人看病，我们学习的目的是为了理解人体的体面转折和结构衔接关系，从而更好地刻画人体，所以解剖结构是指人体或动物的骨骼和肌肉所构成的解剖关系。它是造型的基础，要想充分的表现好人物和动物的形体结构，就必须熟悉和了解其解剖结构。

2）形体结构。物体的外部构成框架及其内部构成关系就是物体的形体结构。对物体形体结构关系的把握，主要在于了解形体的基本特征，以便研究和表现复杂的结构关系，有利于形象体积的塑造。

由于是以理解、剖析结构为最终目的，因此，简洁明了的线条、不施明暗、没有光影变化，而强调突出物象的结构特征是它通常采用的主要表现手段。以理解和表达物体自身的结构本质为目的，对形体结构的观察常和测量与推理结合起来，透视原理的运用自始至终贯穿在观察的过程中，而不仅仅注重于直观的

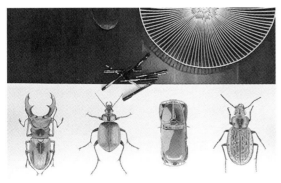

a

b

图1-14
设计素描的结构表现方式

方式。这种表现方法相对比较理性，可以忽视对象的光影、质感、体量和明暗等外在因素。

结构素描画面上的空间实际上是对三维空间意识的理解，所以结构素描要求画者具备很强的三维空间的想象能力。而关于三维空间的想象和把握，在很大程度上取决于思维的推理。结构素描要求把客观对象想象成透明体，把物体自身的前与后、外与里的结构表达出来，这实际上就是在训练我们对三维空间的想象力和把握能力。在形象的细节表现方面，结构素描所要表现的是对象的结构关系，要说明形体是什么构成形态，它的局部或部件是通过什么方式组合成一个整体的，为了在画面上说明这个基本问题，就要排除某些细节的表现。结构素描关心的是对象最本质的特征，这些本质特征要从具体的、现实的形体中提炼和概括出来。

（2）**结构表现的方法和过程**。在设计基础绘画时，整个表现方法着重于对设计形态的结构分析与理解能力的训练，其中包括了对形态外部构造和内部构造的分析，外部与内部之间的空间关系及规律的分析。分析形态物象内部的组织变化及相互的详解关系，力求达到能透过现象看本质，超越绘画对形态的表面认识，从看得见的结构开始到看不见的结构结束，做到真正理解认识形态物体，最终能创意的表现形态。所以结构表现方法十分重要。

当素描与设计相结合进入设计领域时，素描的表现方法、思维方式和观察角度都在发生不同程度的变化。结构表现的方法是从传统绘画向设计绘画方向转换，思维方式是从传统绘画的感性思维向设计领域的客观性、逻辑性、创新性和科学性思维发展，观察角度是从情感化和个性化向结构化、标准化和系统化靠拢。

结构表现的具体过程是在对形态进行观察分析的基础上首先找出形态的大框架，在进行形态结构表现时，必须首先把握形态的大框架，应用几何透视的方法对形态进行定位。这是形态表现的基础，就像建一座大厦，第一步是地基和框架打造，试想如一座大厦的地基和框架都打不好，建设装饰从何谈起？然后是对形态的衔接组合结构如何进行表现？在这之前，创作者必须贴近要表现的具体形态，触摸和分析它，找出其结构的关键部位，并真正地加以理解和认识。只有真正的了解形态的各种结构关系，才能把形态内在的精神表现出来，也才能在形态的框架结构基础上创意和表现出更具有内涵意义的形态物象。

2. **思维快速表现方式**

设计者在思考和设计准备阶段，需要把收集到的资料通过理性思维后形成的构思快速概括描绘出来，这就是思维快速表现方式。

快速表现方式是设计师有效记录设计构思、设计过程和设计理念，对设计目标进行快速分析、研究、记录和日常获取信息的主要手段。思维快速表现在产品设计、建筑设计、景观设计、服装设计和玩具设计等多种设计工作中应用广泛，是设计师必须掌握的一项基本技能。例如：在建筑及景观设计前期，设计师描绘的画面是设计师头脑中的设想，有时就是几根线、几个符号或加工上几行字，其目的就是快速记录观察到的景物和一些设计构想。

3. **效果图表现方式**

设计效果图是表现设计师设计思路和想法的基本方式，是设计过程不可缺少的重要手段。效果图有平面图形和立体图形等。效果图表现一般都比较轻快松弛，线条流畅，而且疏密有致。对设计师来说，要通过反复推敲比较，不断完善构想，才能确定方案，完成设计。

（二）立体空间表现

空间是形态存在范围的环境状态，是形态与客观现实环境共存的整体形势，形态在一定的条件下占据相应的面积、体积，这就是形态的空间。形态的空间关系，就是形态物体在空间环境里形状的大小、上下、左右的尺度比例等。形态自身与其他形态之间的差异以及相互间的间隙等都是形成形态空间的基本因素（图1-15）。

1. **立体透视空间**

透视理论建立在人眼的生理结构以及眼睛在借助光线观察物体时所获得的透视感觉的基础上。由于眼睛的特殊生理结构和视觉功能，任何一个客观物象在

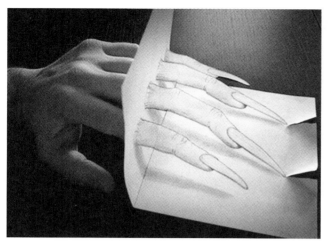

a

b

图1-15
立体空间表现

人的视觉中都具有近大远小、近清晰远模糊等的变化规律。同时，由于人眼与物体之间的空气对光线的阻隔，远的物象和近的物象，对人眼而言，在明暗、色彩等方面会有不同的视觉反映与变化。反映在设计素描中，作画者要想如实地反映客观物象及其变化，就必须依照科学的透视规律和所需的艺术追求，在画面上表现出透视效果。透视具体又分为两类，即形体透视（亦称几何透视，如平行透视、成角透视、圆形透视等）和空间透视（亦称空气透视，如明暗、虚实的远近变化等）。

在设计素描中，透视对于客观表现对象及形象的塑造有着重要意义。设计素描对于表现对象空间结构理性和非理性的处理一定是假借透视原理来获得满意的结果的。例如，设计素描在表现玻璃容器盛水破而不流的设计构想时，则要利用透视原理为玻璃容器去构建一个合理的空间结构，以及随着这个结构而依附的液体的形状和形态。因此，掌握好透视知识很有必要。

任何形态的产生和存在都不是孤立静止和平面的，而是客观存在于现实空间中的。现代绘画立体派的理念非常明确，认为无论人们看到任何物体，它都是存在于现实空间里的，不管你看得到还是看不到，感觉得到或感觉不到，从理论到实际它都是存在的，只是因为我们的视觉和知觉受到生理上和观念上的限制而不能全面看到。这就是说立体透视空间是在二度空间的平面上，抛开丰富的光影效果、明暗关系及黑白灰的调子，依照科学的透视法则，应用三度空间透视规律的表现手法及透视原理获得三度立体空间的视觉感受。

2. 立体透视空间的表现

在进行立体空间的表现过程中，一般是追求一种视觉上的三度空间感，应遵循透视的基本规律，如近大远小、近实远虚和直线的消失等原理来表现。

面对自然空间的形态，无论是房屋建筑还是日用产品，都是反映在人们视觉里的一个立体形态。在平面的条件下要把这些立体形态表现出三度空间的感觉，就必须掌握透视的基本规律和原理。

三度空间的透视表现应遵循平行透视、成角透视。倾斜透视和圆形透视原理。每当形态处在一个多视点和多角度的空间里时，就应当用多点透视和成角透视等知识去观察和分析它。要学会对物体采用俯视、仰式、平视和侧视等多种角度透视的立体空间表现方法，因为人们面对的物体形态是千变万化的，必须依靠这些知识，才能把现实中存在的立体形态精准地呈现在二维平面的纸上，

圆形在立体空间的透视中变化非常之多，所以圆形透视的表现属于立体透视表现中难度最大的。无论是椭圆还是正圆，虽然在文字上只是一个字的细微变

化，但是在透视学里就产生了无数次的变化，其中的每一次变化都决定了这个圆半径的精准度，只要出现一点不确定，就会波及这个圆形的透视及在立体空间中的位置。我们在表现圆的形态时应该掌握几何的知识内容和圆的几何规律，才能够更准确、更快捷地表现出圆的透视变化。

（三）平面空间的表现

平面空间的表现是依靠人类视觉感官对物体形态的比例、深度、透视、位置及尺度的认知，在二维空间及平面上表现三维空间。如何能把对空间的感受通过理解和分析，运用平面的表现方法把对空间的视觉感受展现出来，是对创作人员的基本要求。平面空间设计表现能力不仅仅能够直观地反映一个创作人员对物体形态观察了解的程度和水平，还能够反映出一个创作人员的平面构成基础知识、设计造型技能及所掌握的立体透视的理论水平（图1-16）。

1. 平面空间概述

我们要在平面中表现立体空间感，就要依靠形态的方向、大小和位置来构成一种视觉上的虚拟立体空间。在形态构成的作品中，利用块面的渐变、形状的大小、线条的粗细，都可以产生非常强烈的视觉立体空间感。这种空间感是通过不同形态的大小、投影、重叠、倾斜、曲面和交错等形式来表现出来的。

在平面设计中，将平面中的形体以黑白两色的方式进行设定，并将形体进行正负形态的变化及相互衬托，也能产生强烈的空间感。

2. 平面空间表现的方法和过程

空间是一个自然体，是一种视觉要素。为了把对立体空间的感受表现出来，要求创作人员对空间要有多角度、多层次和多种可能性的分析理解能力。创作者可以借助透视学的基础知识来查探形态空间的层次和秩序的关系，如比例、尺度、深度和位置等，以便能充分掌握形态和空间之间的关系。只有这样才能激发对空间的感知和思考，才能真正把素描基础理论知识和表现技能应用到空间组合与空间建构的实际表现之中。

（1）素描空间表现。素描空间表现具有多种多样的形式，素描空间表现是以黑白灰的视觉形式，通过单纯色块以及明暗对比来构筑空间关系，运用光影明暗来决定物体形态在空间摆放的位置和在空间之中的特征变化，是在二维空间中充分展示出三维空间的关系。

设计素描的空间表现可以分为以下三点：

1）物体形态与物体形态之间的空间关系，这种空间形式，在很多的绘画方法中经常出现，可谓是表现画面形式的一种方法，它的具体表现是：物体形态与物体形态之间所在方位的空间位置关系，依据物体

a

b

图1-16
平面空间的表现

形态所处的位置，经过设计排列，然后在画面上充分表现出来。物体形态表现形式有很多种，比如罗列、透空、重叠等都是表现空间的方法。

2）地域之间的空间关系，所谓地域空间就是说两个地域同时呈现在一个画面上，把两个不同地域的空间关系同时在一个画面上表现出来，表现出两地的景物交叉融合，把两地的物体元素交叉、重叠、排列，进行再设计、再创造，形成一个新的空间画面。它们的表现形式有透空、重叠、重复等。

3）时空之间的空间关系，是打破时间规律特点，把两个不同时间的同一物体元素表现在一个画面上，这种表现形式主要是心理反应，是心理设计的表现方法，例如：白天与夜晚，受光影的影响，在同一画面上表现不同时间同一个物体元素，就需要新的思维，再设计、再排列，表现形式有重叠、重复、错位等。设计素描的空间表现有多种形式，只要是三维空间的所有物体元素，通过设计思维，在二维空间中，利用素描的方法表现的画面，都可以表现出空间关系。

（2）**线描空间表现**。线描空间表现是运用形态的前后位置、形状大小和疏密程度来表现形态空间关系的表现方法。线描空间表现能够体现出创作者对空间理解的程度，能够反映出创作者的造型能力。

（3）**矛盾空间表现**。矛盾空间表现是形态构成的一种表现手法，是指利用平面的二维空间表现手法展现现实生活中不存在的三维空间的形，即在二维空间上表现三维空间的矛盾性。它是创作者视觉和心理的反映，这种图形结构的表达方式在平面的二维空间中可以成立，然而在三维的真实空间中，却因互相矛盾而难以存在。创作者通常是利用人们的错视，即用错位的、矛盾的和并不存在的空间变化来表现虚幻的形态空间，打破了人的视觉习惯，产生出梦幻般的视觉体验。主要的表现方法有以下两点：

1）共用面，不同视点的联合。是指利用一个面将两个或者两个以上不同视点的立体图形划分成上下或左右部分，通过共用面紧密地连接在一起，形成一个视觉上既俯视又仰视的空间，有一种透视变化的灵活性，以此构成视觉上矛盾的空间。

2）前后的错位，矛盾的连接。利用两条交叉的线条，如直线、曲线、折线等，在空间中无方向之分、无前后之分、无体积之分，将形体矛盾地连接起来，产生了前后左右错位的矛盾感。

（4）**虚拟空间表现**。虚拟空间表现是应用现代数码技术来创造虚幻的虚拟空间，以展现一个神奇的幻想世界。虚拟空间表现是一种思维和技术的象征。

（5）**模型空间表现**。模型空间表现常用在建筑设计中，多是先用手绘草图和示意图来表述设计意图和设想，当设计方案被确立后，再根据手绘草图、示意图，应用电脑进行效果图的绘制。模型空间表现要求做到准确、真实和客观。

三、设计素描的表现要素

素描是一种绘画和"意"的艺术，为设计作品提供"精气神"。素描的要点在于对生活的细致观察，是一种"形"与"意"的结合，素描作品或多或少会体现出画者的风格，素描的细节足以反映出画者对事物的观察角度、反馈内容以及对事物的认知过程。可以说素描是画者对世界的认知的反馈结果。在艺术创作过程中，个人的思想意识能否被全面、细致地表现出来，在很大程度上关系到艺术作品的独立性、独特性，对设计的创作过程而言尤其如此。

我们所处的是一个充斥着大量视觉信息的多元化时代，不同的媒介提供的信息一方面能使我们轻而易举的接收和掌控，但同时又会引来人们对信息的混乱与盲从。一个常态的自然对象会产生众多不可预测的延展信息。对于创作者而言，要从复杂的图像信息中辨别、综合、体会、研究出有利于进行设计创造的视觉形态，要学会从众多的视觉信息中"看"到事物的本质。

设计素描的表现要素可以通过：简化提炼、细致概括、意象组合、抽象组合四种方式来进行。

（一）提炼要素

每个物体都有其独特的大小、外形、色彩、材质等基本信息，在进行设计素描创作时，首先要对这些信息进行分析和处理，排除干扰提炼要素（图1-17）。

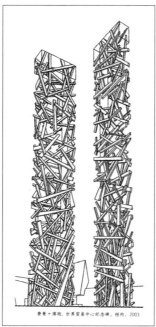

a   b

图1-17
提炼要素

提炼是人们对大自然学习和创造的第一步，许多优秀的设计理念都是从自然形态中提炼出来的，自然形态中独特的美感和奇妙的形式刺激着人们的创造力。悉尼歌剧院的独特造型是现代建筑的经典之作，其设计者约恩·乌松解释，他的设计理念既非风帆，也不是贝壳，而是切开的橘子瓣，但是他对前两个比喻也非常满意。

在人工形态的创造和设计过程中，仿生学也是设计形态的重要依据之一，人们从大自然的形态中提炼出解决建筑学、工程学等众多学科领域中诸问题的因素。例如：蛋壳呈拱形，跨度大，包括许多力学原理。虽然它只有2 mm的厚度，但使用铁锤敲砸也很难破坏它。建筑学家模仿它进行了薄壳建筑设计；蝙蝠会释放出一种超声波，这种声波遇见物体时就会反弹回来，而人类听不见。雷达就是根据蝙蝠的这种特性发明出来的；苍蝇的翅膀（又叫平衡棒）是"天然导航仪"，人们模仿它制成了"振动陀螺仪"。在设计素描中，我们通常用自然形象几何化和形象整体化的处理手段来实现形象提炼。

1. 几何化

纯几何形状在自然界中很少见到，所以人的大脑会选择那些有规律性的表现方式，把任何一个物体样式看成已知条件容许达到的最简单的形式，这就是人们记忆和识别的基本特点。我们把观察到的形态简化为按功能需要的最基本的结构，去除多余的外形装饰，体现整体图形的基本特征，也就是几何化的图形。学习过美术造型基础知识的人都会在潜意识中或多或少的使用几何形体来认识和归纳自然形象和结构关系，并以此为基础进行信息堆加和处理是设计创作中最基础的方法。我们可以看出，在许多的设计当中，大量的几何化形体反复出现，创作者需要具备高度的形体感受能力和概括能力，能够从自然形中快速、精准地"看"到其几何化趋势，并进行大胆的提炼和夸张。

将自然形象几何化是用尽可能少的结构关系把复杂的内容简洁化，我们可以通过平整化和尖锐化两种方式来简化事物的结构特征，实现形象的几何化。"平整化"指的是删除多余的细节，使构图统一、造型规整，利用几何图形中的对称、重复、倾斜来规整形象，简化结构；尖锐化是指加强对原形象的处理，利用夸大原型的外形特征来使形象鲜明。

2. 整体化

自然界的物象千奇百怪并不断变化着，要抓住这些千变万化的物象世界的全部信息几乎是不可能的，在对物象表达的过程中，要将清楚的意识，清晰的图像或明确的造型形象展示在观看者面前，就需要对创作者过滤掉众多的视觉细节，将不同的视觉对象规整在一个固定的空间，固定不变的时间里，通过强化对自然形态的感受，将主观的体验和情感因素添加于物象的整体化处理当中。画面的造型语言越纯粹，形象的整体化风格也就会越明显。

在设计素描中，我们常常利用形象整体化的处理方式将形象进行大量的信息删减，只留下最具特征的因素进行平面化的再创造。形态展现的视觉张力取决于创作者对客观形态和观赏者心理之间联系的准确把握，只有准确掌握和提炼出自然形象中的形式语言，才能创造出独具形式美感和形象张力的图形。

（二）概括信息

概括事物的能力是人类与生俱来的，从咿呀学语的婴幼儿到具备高度思维能力的科学家，任何人都具备在一个相对恒定的空间和时间中将复杂对象概括出适合自身记忆和思考方式的形象或形式的能力。当然，这种单纯化了的形象或形式会因个人的认知水平和生存环境的不同而显现出巨大的差异，概括具有个人和社会双重属性。任何视觉艺术形式都源自于我们所看到的世界，设计素描创作者要从可见事物中概括出有用信息，通过变形、组合、夸张、再创造等艺术手段的处理来进行创作。形象的概括不仅是人们认知自然世界的基本方式，也是设计教学中认识和改造形象的基本手段（图1-18）。

1. 符号形

在人类文明产生之始，符号化的图形记录就已经是人类认识和概括自然界的重要手段，它用来表示某一特定事物，其作用是能够被公众指示、解读和交流，符号具有形象性和表意性特征。在形象整理过程中，我们可以将可见的、有丰富视觉信息的物象归纳成最简单的、具有符号化特征的形象，并以此为手段去研究和理解对象的特征关系，在此基础上，物象的各部分之间会有功能区别（即符号的表意性特征），借助符号的表意性特征，我们可以很轻易地去区别己物与同类物以及他物之间的形象意义，设计的职责就是要在形象性和表意性之间建立准确而又具有美感的联系。

符号形是经过人们长时间的观察、整理，去除大量细节特征后剩下的概念集合。它是一种观念的产物，是潜藏在人们意识形态中的一种共识，最为常见的就是：当我们形容一个人的外貌特征时，常说比较瘦或比较胖，长得高或长得矮，眼睛比较大或比较小，皮肤白或黑，这里的"比较"即是相对于人们所能理解并在交流中达成共识的一般标准，形象的概括就是他们的典型特征，符号性的特点表现为一种相对稳定的共性，是人们经过长期观察，认识后的体会和总结。这种常态的形象在自然形态中并不多见，但它们的经常性和共性却往往成为人们思想交流的"实体"。设计是大众的，对常态性的认识和概括在符号、标记、标识等大众图形设计中尤为重要。符号是有规律的语言，可以表达广泛的意义，具有简洁性、明确性、特征性、示意性、象征性、系列性、约定性的特点，在设计中是一套完整的语言系统。

大体上，我们可以将符号分为图像符号、指示符号和象征符号三类。图像符号是对对象的模拟，显示了其与自然的关系与审美的趋势。如人类早期的象形文字、图腾符号等。指示符号是为了示意、传达、指示、说明而设计出来的符号形象，它与所指对象之间有一种特指的、必然的联系。如今社会生活中的公共

图1-18
概括信息

信息、交通信号等。象征符号则更具形象的抽象性，包含了更多的语义，甚至是音译的部分，是人类文明高度集中的表现，如文字、音符等。图像符号、指示符号、象征符号共同构成了符合系统。

2. 特意形

符号形是一个观念物，具有普遍性，但不能体现世间万物的丰富性，也不能代表我们所研究的具体形象。形象应该是一种建立在常态基础上的非常态形式的发掘，它包括比例、长短、大小、形状、重量、质感、颜色、气味、口味等具体对象差异的形状，是建立在通常基础上的形象的具体化，这就是所谓的"特意形"。许多成功的作品形象会使人感到超常的震撼力，是因为它们不完全符合常规，但又极其鲜明，将其形象的视觉感受发挥到了极限。这些设计师在看待我们看似平常的事物时抓住了其中不平常的特征，抓住自然物象的外在形式和构成元素中最典型、最突出、最能传达创作者思想和情感的特征，而这种概括往往是不依赖于理性分析的，它是直觉的产物，是建立在对事物深入理解和感悟上的，只有这样，才能使我们的设计别具特色、生动鲜明，才能唤起人们的审美体验。

（三）意象组合

所谓"意象组合"是对自然物象进行多角度、多视点的观察和感受之后，以主观审美意识为先导，从自然物象形态中提炼出不同的视觉元素，并以之构成

新的画面组织方式和形态生成模式，它不以自然对象的透视、造型为标准，而是依据创作者主观审美和主观感受为基础进行设计、组合、创造，它是意象思维的产物。我们创造的许多设计形象有时并不能在自然界中找到与其完全相匹配的原形，而是由创作者通过消减、夸张、添加、组合、变形等形象的再加工和意义化之后的形象综合体。这些形象体往往都通过隐喻、暗示、象征等方式，借用形象与意义之间建立起的思维桥梁，是创造的形象包含着更深一层的意义与内容的解释，是人们通过"不现实"的形象或者形象组合形成的画面空间意境从而来达到发人深省或体会另类感受的目的，观看者通过体会、理解这些新的组合形象意义所带来的不同感受来体味创作者创作多元性的魅力（图1-19）。

在意象组合中，我们不必按照自然的逻辑样式进行描绘组合，而是要求设计者抓住能够体现物象本质的元素，领悟其中的美感和寓意，体现出物象深层次的情感和本质的内容，并将这些领悟放大、创造出来。在现代的插图设计之中，常常利用意象组合的方式来组建形式多样、充满意味的画面。

意象组合特点在于其形式的多种多样和自由组合的方式上，意象组合是创作者所运用独特的视角和审美取向创造加工的结果，它并不是意象之间的任意排列，也不是空洞的形态符号，它是建立在对自然物象的体验、感受和情感表现基础上的视觉感受，具体的

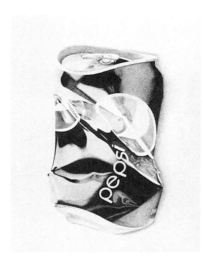

a

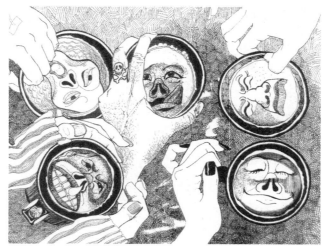

b

图1-19

意象组合

意象组合的方法有以下几种。

1. 简化取舍

简化即是把自然物象中透出的多重意义和复杂多样的外观形态通过创作者的简化、总结、重建在一个单纯的画面结构之中，使创作者想要表达的思想、情感、意象以最简明、最明确的方法表现出来。取舍，即为舍去物象中多余的细枝末节，保留下其最本质、最典型、最能体现创作者主观意念的部分。简化取舍需要对视觉信息的意义进行精确的概括。

2. 模糊组合

自然物象的整体形态是由一些相同或相近的结构单位按照自然规律相互构成的。这些基本元素的组合能够引起人们的视觉联想，经过意象形态的暗示，将熟悉物象形体的基本元素发掘出来，对其进行分析和创造，并将其基本元素进行重新组合，这种组合具备两种或多种形象的模糊印象，我们称之为"模糊组合"。贡布里希指出"当绘画作品画起我们对某些图形的兴趣后，我们就可能会在视觉经验中寻找固定物和证实物，并运用视觉中的每一种暗示去找到我们在绘画中寻找到的东西。"对于形象设计而言，我们应该对图像本身具有高度敏锐的感知能力，并从中体会到观赏和创作的乐趣。

用模糊组合的方法来建构物象，往往会从物象的剪影形特征开始，剖析其形态相似的结构单元。模糊组合的实现源自于形象的外轮廓信息。仅就图像的辨别而言，外轮廓的信息量最多，我们可以利用相同或相似的外围轮廓，通过相近单元结构的剪切、透叠、意义重合等方式来实现。除此以外，也可以从结构、形状、明暗的剪影中演变。

（四）抽象组合

抽象是从众多的物象的形象特征抽取出共同的、本质性的特征，从而舍弃其非本质的特征，自然的形象是相互联系的，我们要主动的选择、改造，从富含表象信息的自然对象中发现更加本质的组合关系。例如苹果、香蕉、生梨、葡萄、桃子等，它们共同的特性就是水果。得出水果概念的过程，就是一个抽象的过程。要抽象，就必须进行比较，没有比较就无法

找到在本质上共同的部分。共同特征是指那些能把一类事物与他类事物区分开来的特征，这些具有区分作用的特征又称本质特征。因此，抽取事物的共同特征就是抽取事物的本质特征，舍弃非本质的特征。所以抽象的过程也是一个裁剪的过程。在抽象时，同与不同，决定于从什么角度上来抽象。抽象的角度取决于分析问题的目的。造型的灵感来自于原有自然形态的推导，在敲散、重组后的画面里，原型的"特点"仍然有所保留，甚至得到更纯粹的展现。

抽象组合的基础来源于几何形态，无论多么复杂的自然形态都可以建立在基本的几何形状上，它们以概括的几何形状的集合形式出现。圆形、柱形、方形和锥形等都是抽象形的基础，其形态与某种意味存在着深刻的联系。如在方形体中可以归纳出共同的意味：完整、稳定、迟钝、对称、倾斜、自信等，同样的，圆形、锥形及这些形状的组合排列都会有明显的意味，不同形状以及由形状带来的形式意味构成了设计的重要基础。如同蒙德里安所说：我感到纯粹能通过造型来表达，而这种纯粹造型在本质上是不应该受到主观情感和表象制约的。这种将自然压缩在一定造型关系中的艺术观深深影响了各个领域的创作者，并促使他们不断创造着不同抽象形式的形象产品。

在设计素描抽象化造型中，要把复杂、无序的视觉形象进行高度精简，从大量无意味的形体中抽离出有形式意味且能表达创作者思想和情绪的形体，这是一个选择过程，它比单纯的概括和总结更为夸张，更具形式意味和内涵，也更接近于按照设计需要塑造的带有主观倾向的造型形式。具体来说，抽象组合可以概括为以下三种方式：

具象的抽象组合，是指从现实的物质形态中抽取出来的抽象性，其基础是视觉、听觉、味觉、嗅觉等感官的感受和体验，创造的新形象中含有自然形态的图像。它是抽象组合的初级阶段，体现出了抽象的理性和自然形象的感性之间的结合，蕴含抽象意味的形象赋予了自然形象更丰满、更深刻，甚至"匪夷所思"的内容（图1-20）。

半抽象与半具象组合，是指有着现实形态的基本暗示，却又加以解析、重组、添加、变形，新形态介

于具象与抽象之间。它是较深层次的抽象，形象更趋平面化，形式意味更突出（图1-21）。

　　抽象的抽象组合，是指抽取一切感觉以及一切思想之后所剩下的纯粹形态，杜绝一切现实的联想，也可以称之为几何抽象，其表现形式是纯粹几何形态的排列、拆散与组合，以期达到对被抽取自然原型的最"本质"的精神提炼。在设计素描创作中，我们可以从梦境、错觉、水迹、火痕、大地纹理、云的变幻等一切可视的图像信息里得到提示（图1-22）。

图1-20
具象的抽象组合

图1-21
半抽象与半具象组合

第二节

设计素描的视觉思维法

　　长期以来，人们通常认为视觉属于本能接受信息、获取经验的感性知觉，而思维属于进行筛选、分析、判断、推理的理性认识过程。视觉与思维的这些不同特点使人们一直将二者当做完全不同的对象而分开研究。直到1912年，德国心理学家韦特海默展开了对思维与视知觉的一系列研究后，结论才有所改变。他在其代表性论文《似动现象实验研究》中，用一个实验来解释人类视觉和思维之间的关系。这个实验很简单，却很能说明问题：让两条静止的直线在间隔时间内先后出现并消失，如此重复，这时人的眼睛会将这两条直线看成是一条正在移动的线，而不是静止的两条线。就像现在城市街头的霓虹灯一样，一颗颗日光灯管有规律地点亮又熄灭，给人的感觉就像是灯光在不停地向前运动。通过这个实验可以看出，人们在视知觉的过程中，总是会本能地去追求所见事物的整体结构和整体形态，而不只是注意其局部形态，韦特海默将这一现象称之为"格式塔"。我国著名美学家滕守尧先生认为："格式塔心理学所研究的出发点就是'形'，格式塔心理学在谈到'形'时，的确

图1-22
抽象的抽象组合

非常强调它的整体性。"格式塔心理学证明了视觉不仅仅是人的本能的感知，而是有思维的因素在里面的，是一种视觉思维，从而为"视觉思维"概念的提出奠定了理论基础。

20世纪中叶，韦特海默的研究成果也使美国著名艺术心理学家、美学家鲁道夫·阿恩海姆对人的视觉感知和思维之间的关系有了新的认识。他认为："一切知觉都包含着思维，一切推理中都包含着直觉，一切观测中都包含着创造。"如此一来，"视觉思维"就可以理解为是人们对视觉形象感受的一种形式，或借助于视觉艺术语言进一步思考和创作的形式。视觉思维与人的视觉感知密不可分，视觉感知又叫视知觉。视知觉是人的眼睛对客观事物的直接反映，在人的心理活动中属于比较初级的认知心理现象，更多的是出于本能的行为。而人的思维活动是对客观事物的有选择性的反映，它具有一定的概括性、总结性和抽象性的特点，并且往往带有探索、解体、发现、创新等功能，这是人类心理活动中高层次的认知行为。正是由于人类具有这种思维特征，所以人类社会才能进化发展。视觉思维的内涵又不仅仅是简单的视觉感知，它还伴随着想象、创造与表达，这是一个整体，是同时发生的行为，共同组成了人们的视觉思维。俗话说"眼睛是心灵的窗口"，事实上我们是通过视觉形象，用脑在观察世界。所以，阿恩海姆认为许多创新性的思维都是通过视觉思维及其有关的因素相互作用所产生的。

一、素描中的视觉思维现象

从某种意义上来说，素描艺术也是一种视觉的艺术，毕竟它是借助视觉现象的元素来作为传播的媒介。随着艺术探索的发展与艺术思维的进步，对于素描含义的界定在不断地丰富与充实。作为一种朴素的描绘方式，素描在表现的过程中需要一定的技法，而恰恰是这一表现方式被误认为是素描表现的"灵魂"。仔细品味优秀的素描作品就不难发现，真正能够经得起时间检验的作品所呈现的视觉思维现象至今仍具有其本身的魅力。多才多艺、个性善变的毕加索的素描作品中所流露出的强烈寓意让很多人折服，其作品如此吸引人与视觉思维现象有着密切的联系。这得益于毕加索超然的艺术思维，与其全方位素养是分不开的。毕加索的素描作品率真、随意，却不是闭门造车，其善于从各方面吸收营养，来丰富自己的表现，其很多作品的表现方式受到非洲黑人木雕的影响。不同素描作品所具有的感染力是千差万别的。虽然素描的表现形式和手段发生了巨大的变化，但仍然依靠视觉的现象来发挥作用。这也充分证明了视觉思维现象在素描中的重要性。

素描作为一种视觉造型的表现艺术，不仅是表现与认知的一门学问，而且是一种包含辩证的视觉思维方式的独特造型艺术。欣赏优秀素描作品的时候，会被隐藏在画面背后的艺术家那深邃、睿智的思想所感动，依托现实生活的体悟与艺术语言传达方式的结合，成就了不朽的、伟大的作品。或许艺术家在创作之初没有意识到作品的这一巨大效应，但经过岁月的洗礼之后，附加在作品之上的触动心弦的感染力是令人荡气回肠的。艺术家对于素描的探索与尝试是一个否定与自我否定的过程，虽然这个过程总会伴以纠结与矛盾，但这却又是一次真正意义上的对于自我的解读。素描的发展趋势是在什么力量的作用下发生转变的，不断丰富与衍化的素描形式又会如何发展，是一个值得我们思考的问题。沃纳·霍夫曼曾谈道："与其说素描及其表现在走向衰退与没落，不如说素描作为一个整体似乎已经走到了艺术探索所赋予它的特性正在发挥着无穷的魅力，这一说辞不是在狡辩，而是肯定它在视觉思维的作用下而具有的强大生命力。"艺术家以独到的见解来解读事物与现象，素描可以理解成一种传达方式或一种诉说的手段，融合了理想与现实，是对生活真实的感悟、体验与虚幻、幻想的矛盾统一体，更是一种存在与虚无的反应。纵观当下素描的呈现方式，就如同大自然一样，是生机勃勃的、丰富多彩的。对于素描中的视觉思维现象的认知是一个"仁者见仁，智者见智"的问题，由于这种认知的多样性，从而在不同艺术家的探索下，素描才能够包罗万象，形式多样。无论怎样的变化与发展，视觉思维现象在素描训练中所起的作用都应值得关注。

二、设计素描中点、线、面的构成

在设计素描造型中，往常使用点、线、面等最基本的语言来塑造形体，表达设计思想，它们在设计素描中的作用、性质是伴随着所处的条件、环境不同而呈现差异。下面分别对它们做些具体的分析。

点：一般意义上，点是最小的视觉单位与最基本的造型元素。几何学上，点即圆点，它具有位置，没有大小。在设计素描中，点的语汇意义根据设计形态的意旨，得到广泛的外延。例如，方形、三角形、多角形点、梯形等。只要它在视觉上与周围的环境形成的反差没有超过一定的限度，都可视作点。点的语言在设计素描中显得细小可爱，活泼好动，甚至会形成设计高潮的凝结点——即起到"画龙点睛"的作用。点实现于画面结构的重心，确定造型形态内在结构与发展动向。例如，在周围大面积中放置单独的一个点，易使视线集中；两个相同大小的点会使视线来回反复于两点之间；而大小不同的点则让人联想到空间与纵深感。点通过它的排列与组合即间距、大小、起伏、重复、渐次、疏密等，获得设计意味的节奏与韵律的视觉效果。

线：几何意义上的线是点在移动中留下的轨迹。设计素描中的线正如大不列颠百科全书里所定义的那样，它作为设计素描的视觉语言要素，最具情感性和表现性。由于线本身具有运动性和方向感，那么，在设计素描中，它可以通过虚实、强弱、粗细、长短、曲直、疾迟、顿挫、浓淡等变化产生不同的感觉，引起不同的联想。一般而言，直线具有简单、正直、明了、阳刚、直率之感；而斜线则具有运动、倾倒、不安之感；垂直线具有向上、崇高、生长之感；曲线则具有圆滑、流畅、柔和、舒展活泼之感。当然，对于线在设计素描中的具体应用不能一概而论，而要根据具体的表现对象和所表达的内容，灵活、辩证地采用恰当的形式。

面：几何意义上的面是线运动的结果，是由点的聚集或线条的密布所构成的，无数数量的点和无数数量的线能连接成千变万化的面。它们可以分为四类，即几何形、有机形、不规则形和偶然形。

设计素描中，面的语言要素具有明确、醒目、简练、强烈、大方、理性、空灵等特点。尤其是在构成造型形态的体积与空间方面更显其重要性。面的联想意味深长，不同形态的面形拓展的联想和赋予造型形态的性格、含义都不尽相同。例如，方形和由之构成的体块、空间具有端庄、大方、刚直、安定、理性、凝重的感觉，很多的建筑、器物都采用这种形态；而三角形和由之构成的体块则是有尖锐、冲动、进攻、对抗等视觉感受；有机形则给人以柔顺、流畅、光洁、圆润的视觉效果。

在设计素描中，点、线、面语言要素的运用并非独立、毫无关联。它们相互联系、相互制约，通过各自在形态上的视觉差异，共构成美的画面。

三、设计素描构图的中心

构图中心是最引人注意的地方，所以很重要。但有些不一定非要设在画面视心视点的位置上。点线面位置的组合关系能够使表现的中心转移到视心以外的地方，引起注意。

构图中有以下方法在组织画面时应该考虑。

1. 离群突出

画面中孤立出现一个形象或众多雷同的点线面位置组合时，游离于密集的众形象之外的孤独形象，能够使画面中心转移到视心以外的地方。

2. 中心突出

指圆心不在视心位置。圆形具有凝聚力感，圆心则是力的聚散中心，其力感或线条引向都使视线向其集中。因此，形象组合呈圆形或类似圆形的点线面组合，居中的形象往往成为突出的形象。

3. 口处突出

将主要形象置于其他形象组合的基本形开口处，通过其形成的疏密对比，而显得突出。

4. 尖端突出

指点线面构成的三角形面的顶点，线形起伏的极点等，可使画面中心转移到极点及尖端位置。但这并不等于将画面中心代替视心。

5. 主题突出

产生于画面中的黄金分割线，可以是一条或多条。地平线往往在其中一条黄金分割线上，而另一条垂直的黄金分割线与地平线的交点，往往是视心的位置，也是画面主题的中心。

四、不同组合法

现代绘画之父塞尚认为，世界万物的内在形体都可看作由一些简单几何体穿插、榫接组合而成。被分为自然和人工形态的大千世界，工业化大量生产的人工形态物品自不必说，连形态多样的自然万物都可被分析、拆解归纳为若干几何形体按照一定规律的组成。

从习惯性思维中解脱出来，建立起对自然物形体结构以及本质特征分析和研究的态度，从事物的内在规律性入手，对物体内部结构进行研究，继而解决问题。例如，从给出大量的瓶罐中，自由选择和组合，从中了解不同体态瓶罐的内在结构，从结构入手对形态的把握与再塑造；进而通过对线条研究，建立起构成元素点线面的概念，在抓住对象本质过程中多层次、多角度去概括、把握表现对象。从而表达出自己的观念并确立一种新的思维方式；当然，作为物体视觉要素的表面纹理、质地和肌理分析研究也相当重要，通过画、刻、剪切、撕和复印、拓印、拼贴等手法练习，寻找各种不同类型的材质和表现手法来进行表达。在观察和表现中要有清晰的作品概念，将客观对象抽丝剥茧，把一个复杂形体概括为若干单纯形体的组合并

赋予其秩序性，从而发现形态创作的来源（图1-23）。

五、分割法

首先是构图的切割。

构图的切割是指画面为物象所分割。如果将点线面在画面中和画幅面积的分割加以比较，便可以取得不同的地位和产生不同的形式心理。所要表现主题的面只占画面面积大、画面空间小时，形象则给人以阔大、饱满的感觉，构图显得充实；表现主题占画面面积小时，形象给人以纤小、孤零的感觉。配景也占据了一定的画面面积，如果配景设置与主题和谐，同样会烘托主题，给观者较满意的形式心理（图1-24）。

素描表现为运用绘画媒体在纸面上的操作，它的本质是视觉思维活动的外在化。研究素描就得从操作的目的性方面入手，即研究各种素描方法对于视知觉开发的不同功能（图1-25）。

我们平常所讲的素描主要是写实素描，强调通过对光影和材质的准确描述来再现对象。20世纪80年代初，瑞士巴塞尔设计学校的素描训练课程以"设计素描"的标题被介绍给国内的设计学界，使我们初次接触到另类素描（或称为新素描）。该方法着重于对研究对象的形体结构的理解，强调用线条刻画对象的形体结构，又称为结构素描。结构素描得以在建筑学

图1-23
不同的组合法

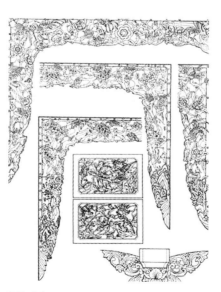

图1-24
分割法

图1-25
分割法

教育中流行，是因为它针对设计专业的基础训练。但是在相当长的一段时期内，素描教学的改革仅止于结构素描。尼库莱德斯指出，在训练的初级阶段不应该触及技巧和美感的问题，最为关键的是不要让那些表面的视觉现象阻碍对形式本质的观察。他认为光影就是这样的一种表象因素。所以在他的体系中，光影素描被放在一个次要的位置。

爱德华兹（Betty Edwards）的《用右大脑素描》用知觉心理学的科学发现来处理素描教学这个一向是属于艺术范畴内的问题，令人耳目一新。人的左右两边大脑主管的功能各有分工，左大脑分管逻辑思维和语言，右大脑分管视觉和形象思维。她认为那些有素描困难的成年人，主要的原因是在观察的过程中左大脑的逻辑思维不断地以先入为主的概念取代直接的观察。排除这个干扰的方法是在素描的过程中通过特别的方法分割左右大脑之间的联系，从而充分发挥右大脑的形象思维功能。素描过程不似艺术体验，更似心理学实验。典型的如"负形素描"，它要解决的是人们在观察对象时往往只注意形式的本身，而忽视周边空间的视觉定势，强调当图和底在特定条件下互相转换的视觉体验。这种体验应该是我们认识建筑的实体和空间关系的感性基础。

总的来说，这个新的素描方法相对于重视绘画技法的传统写实素描而言，比较强调各种视觉思维的技巧。素描的问题关键不在绘画的技巧，而在于观察的方法。观察并不是一个笼统的概念，每一种方法针对一个视觉形式要素。如有关形式结构研究的结构素描，有关形状研究的"负形素描"，有关手眼协调的轮廓素描，有关体量研究的雕塑素描，有关光影研究的光影素描，有关质感研究的质感素描。如此在素描和视觉形式研究之间就建立起一个内在的联系。

六、重组法

视觉思维关心的是形的完整感觉和整体印象，能够对所认知的对象进行自觉的组织和完善，具有能动的创造力。比如说一个人换了个发型，化了妆，但是视知觉仍然能够通过分析、比较和判断做出正确的辨认，这是基于视觉思维对视觉对象整体上的把握和感知。视觉思维并不是孤立地和机械地反映个别现象和离散要素，而是具有整体反应并进行进一步重组的能力，视觉思维对图像的感知具有进行重组形成整体性的特点（图1-26）。

视觉思维在认知对象特征时，能够自觉地按不同的要素进行分组，视知觉会根据相近的因素的内在张力，对线条、形状、空间进行组织和分类识别。视觉思维在整体感知的基础上能够自觉补充残缺的形象部分，在心中重组成一个完整的图像（图1-27）。

观赏者在看一个设计素描作品时，首先会在视觉上对版面有一个整体的感受。所谓整体感，就是版面上各视觉要素之间能够形成恰当而优美的联系，各要素不孤立存在，相互依存、互为条件。在总体设计中，内容主次的把握、黑白灰的安排、点线面的处理和版面布局的分寸都应统筹规划，局部服从整体。

图1-26
重组法

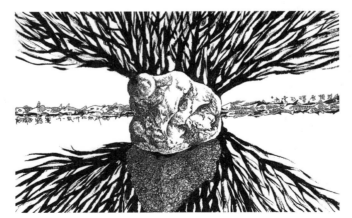

图1-27
胡世刚设计素描

CHAPTER

02

第二章

设计素描的
形态表现

设计素描的表现原理

形的结构和建构是一种自动的、积极的形象处理活动，是创造性的一种展现，是对自然物象的构造及元素进行拆分，并按照新的秩序进行组合造型的过程。它打破了原有的视觉形象，透过结构的元素，对形体进行改变和重组，从而得到一种变异和意象化的形态。根据解构、建构的不同，可以分为表象的解构、建构和内部结构的解构、建构。

1. 元素表象的解构和建构

在自然界中，大多数物体都是由一些形态相似或相同的基本元素按照一定的规律有机地组合起来的，这些元素具备其他性质的元素单位替换并以新的模式重组的可能性。基于这一特点，使得形象创作者可以依据自然物象的生长模式将物象进行解构和建构，发现和重新组合一个新的组织生长系统，呈现一个"陌生"同时又符合生长过程的视觉形象。表象的解构、建构注重自然形象的功能性特征与外形的匹配。

2. 内部结构的解构与建构

现代立体派画家的造型手法建立在对内部结构关系的解构和建构的基础上，他们对现代设计产生了深远的影响。现代派多采用拆分和组合的方式将视觉经验与对形的结构特征的把握结合起来，用多点透视，将自然形结构解体为若干非自然的部分，然后再进行自由组合，这样产生出来的意象造型极具视觉张力。

内部结构的解构与建构是一个复杂而深刻的问题，它依托对造型的不断深挖和探索的基础上，我们要不断地怀着质疑和否定的态度去审视对象结构关系中的各个方面，以创造性的表达方式去对待它们。自然物象中蕴含着太多的视觉信息，要省略某些不重要

的部分将关键部分凸现出来并建立新的秩序，使这个突出的部分更具有艺术张力和感染力。

一、拼置形态

丢勒是早期运用拼置构形方法的大师，他说："任何人若想做梦幻画，就必须把所有东西混为一体。"拼置形态是各种物象的混合体，是激发想象力的动力。在两种以上的物象中，找出并利用含义上的相似或相同之处，巧妙地将其嫁接在一起，从而达到形成一种新形态的目的。

1. 复合拼置法

复合拼置法即利用一个物象的形象、寓意、功能等相似或相同特征与另一物象进行"偷梁换柱"，组成一个新的形象（图2-1）。

2. 局部拼置法

局部拼置法是在不影响大的形象特征的基础上，将其部分依据图形相似的原则进行置换，使形象看上去更丰富、有趣、生动。它要求在拼置时要始终保持置换元素的主题不变。

3. 重像拼置法

重像拼置法是将两个物象中相似且可以重合的部分按照物象边缘线进行吻合并连接在一起，被拼置部位的原型与被拼置形在分量大小上有相似性。拼置组合的新形象新颖、独特、内容深刻，能够给人留下深刻的记忆，特别能突出视觉中心。

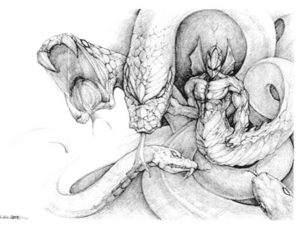

图2-1
复合拼置法

4. 空间拼置法

传统的绘画空间是指由四条边框所围成的二维画面空间，形象置于其中，我们把形象占有的空间称为"实空间"，除了实空间之外，用来凸显实空间视觉元素的那部分就被称为"虚空间"，它们之间是形象与背景、图像与底面的关系。一般来说，存在于实空间的形象有突出、醒目、前进的感觉，虚空间则有后退、消失的感觉，在传统绘画中，背景衬托图形，虚空间衬托实空间。但是，随着现代绘画和设计中的时空观念的改变，背景在特殊情况下以具象的形式成为有意义的图像，成为能够被人识别的图形实体，它与原"正形"图形处于同一空间层次上，当观看它时，正形和负形在不断转换，这种负形与正形之间形成了形态幻象和正负空间混合的视觉效果。

现代图形设计将空间拼置引向了"无间隙图的互换组合"上，即取消传统意义上的空间概念，两种或两种以上的图像以不分前后的镶嵌式出现，图像之间互为空间、互为背景，随着视觉的转移，前后层次不断变化，形成视觉上的不安定。这种方式对丰富视觉想象力，激发创造性思维有很好的推动作用（图2-2）。

图2-2
空间拼置法

二、共生形态

就是形与形的轮廓线之间相互成为对方的一部分，相互借用，组成巧妙的两形共用一条轮廓线的形态，彼此之间相互依存又相互制约。最典范的是中国明代铜铸"四喜"像，四个童子共用两个头、四条腿、四条胳膊，互相融入，互相借用（图2-3）。

现代立体派绘画中，毕加索作品中，亦可经常看到共生构形方法的应用。如在"和平的面容"一画中，女人、脸、和平鸽和橄榄枝三种形状有机地结合，显现出独特的视觉效果（图2-4）。

图2-3
共生形态

图2-4
共生构形方法

三、交像形态

交像形态就是指创造形象时，在考虑到交像形态重复形状的确定组合的同时，又使各边出现的空白处能够添入不同的形态，并通过正负形显现出来，从而相互作用，形成新的形态（图2-5）。

四、填充形态

填充是化多为一的整体构形方法，无论是二维的还是三维的形态皆可应用。它主要依靠物体之间的相互关联、相互转化的关系，有效、准确地组成新形态。当然，它们不是凭空产生的，而是在特定的情境中，借助视觉、经验和积累，突破时空限制，根据其

信息传达的需要来创意（图2-6）。

五、异面形态

即"张冠李戴"。早期大都表现在一些有关鬼神的形象中，如中国的"牛头马面"等，后以其强烈的视觉效果以及丰富的含义被大量应用，如漫画创作、展示橱窗设计的应用等（图2-7）。

六、延异形态

延异是借助物象的外在造型特征进行的各种性质的变化和表现，它是建立在具象形式之上，将客观物象进行新的调整与安排，使一种物象演化成另一种物

a

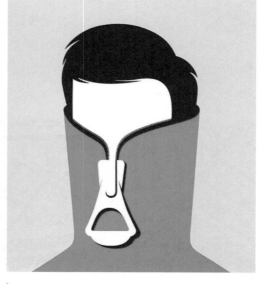

b

图2-5
交像形态

a

b

图2-6
填充形态

象，完成了视觉的逻辑转变。延异是一种超出具象以外的，新颖的视觉表现形式，具有强烈的视觉效果。我们可以根据物象的比例、形状、肌理、方向和色彩等进行延异处理。

延异的主体是形态的演变或渐变。设计素描的延异创意训练就是通过过渡、渐变、添加等方式改变基础造型形态的某一部分，同时通过渐变添加等形式使其逐渐演变成一个新的形象，前后形象之间存在内涵上的相关性。

埃舍尔的经典之作"天与水"，就是动态演变，即渐变。任何一个系统都是一个不断演化的过程，新系统的诞生就是旧系统消亡的过程。延异的形态创意造型，无论是产品设计，还是平面设计，无论是在草图的设计阶段，还是在方案的完善阶段，都具有现实的作用。是一种形态到另一种形态的渐变与延展，并且呈现出一种轮回的状态。因为这一演变的意识与人的由浅入深、由此及彼的基本思维是一致的（图2-8）。

七、肖形形态

所谓肖形形态就是直接使用现成的、另外的物体（包括其质地属性）来组成新的物体，从而使观者在组合成的物形与物形之间产生往复联想。通过实物与想象的这种融合，会使你置身于充满魅力的奇想世界（图2-9）。

图2-7
异面形态

八、异影形态

当你在阳光下行走时，是不是经常为投射在凹凸不平的路面上的奇形怪状的影子所诧异呢。现在，我们来进一步改变物体影子的性质，那就会产成"异影形态"。"异影形态"具有难以想象的魔力，会引起人们丰富的想象和梦一样的幻想（图2-10）。

图2-8
延异形态

图2-9
肖形形态

图2-10
异影形态

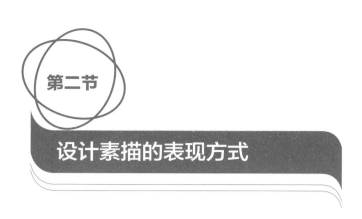

第二节

设计素描的表现方式

一、构图表现

一幅好的艺术作品必然需要好的构图形式，只有这样才能给人以美的感受。当面对一组物体进行写生时，第一任务就是思考怎样把物体安排在画面中，物体在画面上所占的位置、大小比例和各物体之间的摆放关系是展现作品美感的一大关键。空间表达应在通过具象绘画造型的方式产生三维空间的范围内进行。一组静物，前后就一米的空间深度，画面纸张只有长和宽的二维，自然界的风景也是，肉眼能看见的距离有限。如何能夸张地表达这种深度距离以创造空间呢？中国传统绘画中自古有谢赫六法中的"经营位置"，亦有后来"展纸作画章法第一"的说法，所以构图称为画面首要，所谓首要就是纲要、概要的意思，画面构图与写文章一样，要做到有章有法，有主有次，前后对应，虚实对比，藏露隐现，简繁适中，疏密无间等，服从于主题表现的要求，同时还要取得整体形式感的完美和谐统一。

简单地说，所谓构图，就是艺术家利用视觉要素在画面上按着空间关系把它们组织起来的构成，是在形式美方面诉诸视觉的点、线、形态、用光、明暗、色彩的配合。构图的目的是把脑海构思中典型化的人或物加以强调、突出，舍弃那些一般的、表面的、烦琐的、次要的东西，并恰当地安排陪体，选择环境，使作品比现实生活更高、更强烈、更完善、更集中、更典型、更理想，以增强艺术效果。

（一）结构的概述

在我们绘画的时候，结构便成了关键要素。画人

物时要学人体结构，画动物时要学动物结构，画场景时要学透视规律，画色彩时还要学光色原理，画静物时更要学结构画法。"结构"一词在《牛津词典》中的定义是：支撑构架或主要部件、建筑物或任何构造整体……结构的或主要构架的。它源于拉丁文，有"建造之意"，实际上就是指物体的形状、质量。

结构就是抛开物象的表面现象的迷惑（如材料、色彩、肌理、光暗等），深入研究、分析物象本质的固有的内在关系，去伪存真，去糙存精，着重把握物象最彻底和最本质的规律性的要素，展现它的描绘是观察、分析、解构、组合、重构的过程，把不规则、琐碎、零乱的结构进行归纳，强化其体积、质量感与整体感。它是设计素描的显著特性，较之绘画素描更强调物象的内结构，这是由设计的实用功能决定的。

现代社会竞争日趋激烈，迫使设计作品追求时效，敏锐发现社会需求所在，快速应变新形势、新变化，要求在最短或最为有限的时间内完成设计任务，因此，还要一味按照素描的明暗、质感、肌理等来应对，显然是不适合此种情况的，一是费时费力；二是不符合现代社会的快节奏性。由此可发现，结构素描才是快速解决问题的关键，这也是设计素描的显著特性，是毋庸置疑的。概括来说，结构是设计素描区别于其他素描的特性（图2-11）。

结构分为内外结构，也就是物体的内结构和外结

图2-11
结构素描

构两种。我们通常所讲的结构，大部分是指内结构，也就是物体的内在构架。例如，人类的骨骼或肌肉的穿插，组织或者一个机构、团体的内在组织构成。而这种结构，通常是决定一个物体或者机构的质量和性能的关键。结构越复杂、越精细，那么该物体的质量和性能就越优越。任何物体都有其组成的分子，而分子是具有重量的，也就是所谓的质量，而质量的外在表现就是所谓的厚度。所以我们在观察或者描绘一个物体时，千万不能忽略这个物体的厚度。没有厚度，物体就没有结构上的转折，也就没有了质量，而没有质量的物体是不存在于三维空间之中的。薄如一张纸，也有自己的厚度，所以便产生了质量。在这里，可以简单地把结构认同为物体的厚度（图2-12）。

外结构，是指经常被用于绘画时所要表现的，视觉所能观看到的，物体的外形，简单来说也就是所谓的形状。任何物体都有自己的形状，常言道"云无形，风无向"，其实是对风、云这类自然现象的形状的描写。实际上云也有自己的形状，否则不会有那么多的摄影家、画家和诗人对风、云给予无限留恋了，也就不会有那么多描绘风、云的优美画面和动人的诗句了。有光就有影，所以一般情况下我们以光影的结合来描绘光的形状，比如树林中透过的那一丝丝阳光。我们所表现的物体很大一部分的因素都是通过光才能将形体感受表达得酣畅淋漓。而此时，所描绘的光也就有了自己所拥有的形状，也就是"外结构"。

（二）空间结构

在素描中，我们所说的结构其实包含了两层意思：其一指的是客观对象的自然构造或生理构造，也可以说是解剖结构，如达·芬奇的手稿中就有许多对四肢、躯干甚至植物和机械进行结构、构造研究的例子。其二是画面的结构，即基础意义上所说的画面的空间构成，它的意义就是画面各单元间的彼此依赖，相辅相成的互动关系。

结构的上述两层意思有时候彼此独立，仅仅以其中一方面为画面的目的。一般来说，传统古典主义和现实主义绘画更关注前者对画面的制约作用，而以毕加索为代表的立体派等现代绘画则更多强调对后者的

图2-12
内结构

独特理解。至于有"素描"特质的医学解剖图，它服务于艺术上的用途和实践，仅仅以揭示、研究对象的自然结构为目的，对绘画没有实际作用。如果说有什么艺术性，那也是站在审美的角度上看，有对事物的深刻认识所派生的"副作用"。作为冷抽象派的代表人物蒙德里安，他在作品中更多关注画面的结构，而自然物象可辨识的客观性几乎降为零。有时候"结构"的两层意思呈现为前后因果关系，根据对象的自然结构组织画面的空间结构，将自然结构的"紧"与画面结构的"松"结合在一起。在写实素描中，艺术家更多关注对画面结构的梳理，或借前者的科学性为画面的艺术性所用。非写实类素描则更多关注对画面空间的研究和表达。在这样的情况下，对自然对象的结构的扬弃就鲜明地展现出了艺术家对结构在空间中认知的独特理解。米开朗琪罗就对解剖有精深的研究，他多次亲自解剖尸体，能默画出几乎任何角度和运动中的人体，动态结构无一不舒服自然。我们能看到，艺术大师驾轻就熟地运用熟记于心的结构知识，科学且有逻辑性地赋予了不同人物角色的独特个性气息。

物体所处的周围环境的立体位置，以及它本身与环境周围其他物体的距离间隔和区域被称为"空间"。

空间有三种特性：虚空、距离、视域。被认知为空间的概念，必有一种虚空属性。这种虚空性，决定了它具有包含性和概括性。在空间活动中，凡被知觉感知为图形（聚焦）的部分，即存在突出的存在感，而一旦感觉不是图形，存在感便即刻消失，从而转化成虚空"无形"。可见凡被知觉定为空间的因素，必然感觉是后退的。距离属性是指架构与空间、架构与架构上下、左右、前后的距离。在设计造型中，对空间分割的分配权衡，实际上是对不同距离的权衡。对这种距离的量比研究，在体量空间关系的表现和视觉绘画形式经营中具有很重要的意义。我们对空间的感知是在一个相对有限的范围内进行的，视域的范围是相对有限的，所以我们才能判断和确定大小、整缺、方位等关系特征。空间限制意识对空间经营有决定意义，所以正确观察空间意识的建立，首先要求对空间存在形式的认知与把握（图2-13）。

空间存在通常被总结为两种：一是符合精神意识要求的空间，我们称之为"审美空间"；另一种是物质存在空间称之为"物理空间"。这里谈到的空间构成意识建立；主要是研究空间形态的艺术性，它追求的是纯粹形体和空间的创造。因此，设计素描的观察方式必须突破二次元的平面造型意识，要感受到三维状态下的实体和空间的实在形态。主体的观察方式必须是整体的、运动的。感受和创造空间形态不仅要看透，而且要进入空间序列之中。

1. 设计素描与空间结构能力

所谓的空间能力，就是对符号、图标、视觉等形式的操作能力，保证各个应用元素能够合理地展现出有用的信息。空间能力包括了空间观察能力、空间想象能力、空间记忆能力、空间定位能力等。设计素描在绘画、建筑设计等领域中都具有重要的作用，建筑草图就是一个很好的例子。素描学习主要是让学生学会将事物主动地分解、合成、创作。在整个过程中需要发挥空间想象能力，这样才能为后期设计打下坚实的基础。

空间观察能力不仅包括看到的表象，还包括对事物的理性认识。事物的内部结构常常是无法直接观察到的，因此，内部结构也往往容易被人们所忽视。素

图2-13
空间的认知

描则为观察提供不同的角度，需要改变传统的思维模式以及观察方式，注重事物的本质。只有将观察到的表象与理性角度分析的结果结合起来，才能在设计中保证作品的完整性、合理性。

由此可见，空间能力是设计素描中最为关键的因素，加强对空间能力的训练对素描学习至关重要。

2. 用线展现空间

线在设计中具有很强的表现力，它能够直接、迅捷地传达设计师的设计构想，运用简洁地线条直观地勾勒出物体的空间透视关系及空间布局。因此，在空间表现中，应重点加强形体结构描绘与透视描绘的训练，培养画者灵活掌握线的表现力。可以通过一些小的速写构图训练，从速写形式的线条表现方面寻找突破。

在用线表现空间的过程中，线的疏密变化可以产生空间的纵深、空间布局的紧凑与疏松感。同时，结构线、装饰线的描绘均能使画面产生丰富的形式感。更为重要的是，用线来表现空间可以让画者不受空间

明暗光影的影响，在对客观物体进行观察后，概括提炼出简练生动的线条元素，从而抓住客观物体最基本、最感人的结构特征。并能集中精力研究空间构成力，把构成原理带入其中，在画面中构筑出完美的空间结构关系（图2-14）。

线条具有丰富的表现力，它可以在二维空间的平面上构筑环境设计的三维空间视觉效果，并能进行环境平面空间布局的表现，为环境设计提供最直接、最丰富的源泉。丰富多彩的线条（折线，曲线，直线）还可以转化为设计平面图中的一些元素来展示个性，形成独特的艺术设计语言。如将荷兰风格派的绘画、密斯的1929年巴塞罗那德国馆平面放在一起，可清楚地看出这种联系，直线给空间设计赋予了简洁的艺术语言；而在屈米的拉·维莱特公园复合式效果图中也能找到毕加索、米罗绘画中的折线、曲线的影子。

线在环境设计的空间效果表现、平面空间布局及界面的设计表现中举足轻重，它能最为快捷地体现设计师的空间布局、空间感受等，在设计素描中应不断增加线的空间表现的课题，使学生在环境设计的表达中更加得心应手。

3. 用光影表现空间

光影在环境艺术中具有重要作用，它影响和改变着空间的形式。从某种意义上来讲，我们可以把光影理解为一种特殊的材料，它能够使空间色彩的层次更加丰富，通过光影的作用往往能改变我们对空间的认知（图2-15）。

在设计素描空间表现中要加强明暗对空间分隔的研究。经过观察，感受光的灵动之美。光在不同的空间中呈现不同的明暗效果，这在空间环境中让人体会更加深刻。例如一座建筑通过墙体、门、窗、过道等使空间呈现与空气、与光的交流。明暗也就变得奇妙而丰富。设计素描中，我们要从心灵深处感受到这种独特的美感，并付诸笔端。但需要注意的是，与传统素描表现光影不同，我们是以敏捷的眼光迅速捕捉大的空间光影效果。其目的不是再现光影，而是划分切割空间，建立环境空间的体系。这就要在传统光影训练的基础上，进一步研究光与影的作用，注意用投影、倒影、反影所占画面的空间构成形态关系来强化物象的空间表现，增加画面空间的层次。

4. 用黑白灰表现空间

现代艺术为现代艺术设计提供了可借鉴的形式语言，我们可以借用现代绘画自身所具有的线条（折线，曲线，直线）、形状、构图、块面和色彩转化为设计平面图中的一些元素来展示个性，形成独特的艺

图2-14
用线展现空间

图2-15
用光影表现空间

术设计语言。

从一张室内效果图设计稿的表现来看，简洁地黑白灰处理体现着设计师对空间布局的整体把握。通过理性地组织与处理，能使原本乏味的空间产生跳跃感，表现出丰富的空间节奏变化，让环境中的每一个场景在我们的眼中都充满灵性。因此，在设计素描中要加强画者整体把握空间层次的能力（图2-16）。

在设计素描中，可以穿插风景黑白灰空间布局的课题，让画者体会到画风景与画静物的道理一样，不仅要关注景，更要注重空间关系。影子不再仅仅是影子，而是分割画面的造型因素，光影的丰富层次也被分为黑色、灰色和白色，通过几个十分简单的明度层次，就能准确地表达出纵深与平面两个空间的结构关系。这样，对于司空见惯的场景加入理性的构成思维，可以使整个画面充满理性的意味。经过一段时间的训练，画者们对空间的表现更为自由，对于画面的认识更加趋于抽象和单纯，设计变得简单起来、自由起来，开始用抽象的思维方式去思考环境设计的空间关系，空间的处理也就变得有秩序感。在不知不觉中提高了设计能力。

同时，可以在原有的明度元素基础上加入线的表现因素，画面因为表现语言的丰富而更具有可读性。线条的疏密变化、线条的组织方式能够产生平面的空间层次的变化，增加设计感。在绘画过程中，要引导画者注重同等明度的形与量之间的相互关联以及线与线之间的交织关系所产生的新的空间关系，强调对于空间的理解和表现，以及不同的空间量感所产生的视觉冲击力度。

5. 空间能力训练法

（1）对物体基本元素的训练。对空间能力的训练是一个循序渐进的过程，可以先从简单的静物开始，先让画者想象物体的平面、截面以及立面。先从静物写生开始，让画者将静物的大小、相态、组合关系等准确地描绘出来。从一个固定的角度观察物体，物体的背面、侧面大部分都是看不到的，还需要通过对周围物体的比例进行绘制，在第一步绘画完成后，让画者多角度地观察实物，将其他不同角度的效果图画出来之后，逐渐增加难度，训练其将三维立体实物用二

图2-16
用黑白灰表现空间

维图像的形式表示出来的能力。同时，需要重视结构线、透视线的精确性，排除自然光影、肌理与明暗的干扰。

（2）加强对物体组成元素以及组合关系的训练。画面中每一个物体都不是孤立存在的，物体的前后左右关系都是相互影响依存的。首先让画者根据实物进行写生练习，将一组物体的组合关系客观地表示出来，当画者掌握了静物的基本关系后，让画者通过想象的方式，对这组物体位置进行自由组合，然后将其想象的组合关系绘画到纸上。这种物体组合关系的训练方法，能够培养画者对原本组合好的物体结构分析、分解、组合、创新等过程能力，还能够保证组合的合理性，增加了设计素描的理性训练。

（3）从几何图形到实际物体位置推演的训练。为画者提供一个物体的平面图、立面图以及截面图，让画者根据这组图片，经过理性的思考、逻辑分析等，将物体摆放的位置推演出来，同时推导出物体的实际大小、摆放角度、方向等。最后，可将实物图展示出

来，与画者想象出来的画面进行对比。通过这种反复的练习，画者的空间能力能够得到显著的提升。

（4）从物体的一个观察角度，绘制不同角度的效果图。 将一个不规则的物体展示给画者，让画者对原始物体进行记忆、想象，要求其绘制出物体旋转一定角度后的图形。这种训练原因在于：一个不规则的物体，从不同的角度观察，其绘制出来的图形肯定不一样，经过想象原始物体，绘制出旋转一定角度的图形，能够增加画者对物体本质的了解，对培养其空间能力具有很显著的作用。

（5）正负空间转换训练。 一个好的图形可以是图（正空间），也可以是底（负空间）。开放的形状是图形周围延伸的负空间，被认为是整体形状的构成部分，负空间的好看与否，可以影响到正空间的表达效果。做这样的训练时，一图两解。面对一组物体，先画一张静物本身，另外用同一组物体画一张静物以外的负空间。两张图可以对比检查。静物本身画准确了，负空间也会较为准确。负空间如果展现不准确，也证明静物本身就没有画准确。这样相互转换训练，能增强学生的整体意识，图底关系能更清楚表达。

（6）简化训练。 简化训练的方式就是通过将物体表象逐层的剥离，对物体简化处理，然后观察前后的对比特点，观察物体本质的基本形态。物体本身的基本形态虽然简单，但是包含了物体所有的特征，采用简化原则训练，能够增加学生的理性分析能力，使画者在素描设计中更清晰地看到物体的本质，提升其概括能力。同时简化训练也是对画者空间能力训练中最后的阶段，是需要基于前面几个方面训练基础上开展的，久而久之，在素描创作中，画者能够一眼看清物体的本质，将这种简化原则思想运用到实际设计中，增加素描设计的成功率。

（三）设计素描中的结构与空间

结构存在于一切物体之中，包括自然物、人造物和人本身。"艺术是再现自然结构在物质和发生在物质的多种事件中的表现形式"。所以，为了达到分析、理解和表现形体结构的需要，侧重于对比例尺度、物体结构、形体组合、空间关系等的分析和研究。

任何形态的物体都处于三维空间中，一个形体占据的三维空间包括有形的实体（即物体本身）空间和无形的虚体（即间隙与距离）空间。在物体的具象形体中，空间因素主要有两个方面：一个是物体在现实空间中，由其物理属性所决定的空间结构因素，依据的是线性透视法（又称焦点透视法）；一个是物体在空间中，在光的作用下所形成的具有明暗变化的表层因素，依据的是空气透视法。一切物体都占据一定的空间范围，都处在一定的空间距离中，这是由于物理属性所决定的空间结构。为了在二维平面上体现空间关系，必须尊重空间造型规律和视觉表现规律，强化三维的空间效果，才能使空间具有可感性。这必须根据现实的空间结构，通过明暗色调的变化去表现，对包括物体的前后虚实关系、繁简强弱关系等作三维深度效果的处理。室内设计中的空间关系、透视变化和明暗关系都与此息息相关。可以说，结构与空间都是设计素描的重要部分（图2-17）。

二、超写实表现

（一）超写实主义

超写实主义也可称之为超写实艺术。超写实艺术是绘画的一种表现方式。超写实绘画源于20世纪60年代"后现代主义"的波普艺术，是该艺术流派中最为极端的一个派别，它的全称为"超级写实主义绘画"。超写实主义又称超级写实主义、新现实主义

图2-17
结构与空间

和照相写实主义，主张艺术的要素是"逼真"和"酷似"，必须做到纯客观地真实地再现现实。它最大的特点是主张艺术要大众化、通俗化。超写实主义源自并兴盛于美国，其后波及世界各地。在60年代末至70年代，作为世界现代艺术的中心，美国艺坛出现了莱斯利、克洛斯、安德烈、汉森等人，其绘画或雕塑作品的逼真程度让人如面对照片或真人。日益发达的科技和丰富的材料为这种风格的发展提供了便利的条件。这种风行一时的潮流不可避免地给美国的艺术界带来了活力。

艺术家以油画的形式通过对外部物象的观察和描摹，亲历自身的感受和理解而再现外界的物象，这种艺术作品符合观者的视觉经验，为观者提供感官的审美情趣。超写实油画也是写实绘画中的一种，源自西方，具有悠久的历史和深厚的传统。写实绘画在欧洲"文艺复兴"时期得以壮大，历经了500年的辉煌，产生了许多艺术大师、巨匠和艺术史上的不朽名作。20世纪的西方美术打破了古典写实传统的一统天下，尤其是现代艺术观念的诞生，大大拓宽了艺术的疆域，艺术界流派纷呈、多姿多彩，开始走向多元并进的崭新天地。作为绘画形式之一的写实绘画、写实油画，仍然占有一席之地，同时也不乏优秀的艺术家和作品。

概括地讲，超写实指的是对描绘对象的形体、质感、肌理均能极为细腻地表达和刻画的一种艺术形式。从画面直观到的感觉是一种非常逼真的视觉效果，没有普通绘画中常见的线、线的组合或线的排列，相似于焦距清晰的照片。因此，表现的是实的东西，而不是虚的东西，画面给人以极为干净、整洁、细致入微的、强烈的视觉冲击。

（二）超写实绘画

首先，超写实绘画的出现使得之前形成的绘画与摄影的关系有所改变，打破了画家对摄影的一贯认识，即摄影只能作为绘画创作收集资料、素材的手段，虽然快捷但不能传达思想情绪，所以画家对摄影也带有一定的轻视。超写实绘画的出现其实也包含着对摄影价值的重新肯定，超写实绘画借鉴了摄影的诸多特点，形成了超写实绘画的独特面貌。如苏珊·桑塔格的著作《论摄影》中写道，摄影其实是一张时间与空间的瞬间切片，这种特点也使得照片所表现出的现实与他的表现对象之间仍然存在着一段差距，其原因有很多，如拍摄时的瞬间特效、摄影器材的个体特征、画面切割造成的陌生感等。这些因素也被超写实绘画一一借鉴，从而形成了超写实绘画的独特面貌。

其次，超写实绘画延续了架上绘画（在画架上绘制的画的总称）的传统价值体系和严谨性。超写实绘画作为一个画派不仅丰富了当代艺术的风格，更重要的它是当代艺术中坚持传统写实绘画的唯一画派。当代艺术的特点是注重个人情感的传达，和中国文人画的思想有着一定的相似性，而不注重对事物真实性的再现，超写实绘画的宗旨恰恰是对当代艺术的一种反叛。在当代艺术中不论是表现主义、抽象主义、野兽派，还是立体主义等都是将对象变形、重组，使画面脱离真实变得没有具体形象，更为激进的如行为艺术、装置艺术、行动艺术等，甚至完全否定架上绘画，以致传统绘画走向消亡。当代艺术发展了几十年，我们仔细分析就会发现其特点就是重视观念、创新而轻视再现、写实和技巧。艺术家们认为思想观念最重要，而表现真实只是工匠才干的事。由于观念至上，人人都可以是艺术家，也使得一些从没经过正规训练的机会主义者打着艺术创作之名到处坑蒙拐骗，"点子艺术"也就应运而生。再加上艺术商业化的影响，急功近利的浮躁之气充斥着当代艺术，使得当代艺术走向危机。超写实绘画的出现恰恰化解了这种危机，其传统的表现技巧、写实的画面正逐步把危机中的当代艺术带回架上绘画，恢复之前的价值体系。由此可见，超写实绘画在当代艺术中的重要作用在于它既重新肯定了传统的写实绘画艺术，又传承了文艺复兴的现实主义精神，对当代艺术的繁荣也起到了重要作用。虽然超写实绘画没有一呼百应的群体号召力，但却成为一部分老成持重艺术家的推崇理想，虽然从事超写实绘画的艺术家人数有限，但却代代薪火相传，从发起出现直到今日仍然有很强的生命力。它强烈的再现性和精湛的技巧始终震撼着大众，这种震撼也会一直持续下去。

（三）超写实素描

超写实素描指的是对描绘对象的形体、质感、肌理均能极为细腻地表达和刻画的一种把对物体仅一般性描述的素描推向极致的一种素描形式。从画面直观到的感觉是一种非常逼真的视觉效果，没有普通素描中常见的线、线的组合或线的排列，相似于焦距清晰的黑白照片。因此，表现的是实的东西，而不是虚的东西，画面给人以极为干净、整洁、细致入微的强烈的视觉冲击。超写实素描的对象多以静物为主，描绘人物或动物的也有，但较少，主要是因为超写实素描所用的作业时间较一般素描作业的时间要长得多。只有时间长，才便于作者有更充分的空间表现对象的质感和肌理，因为超写实素描的效果就是用质感和肌理来讲话的，质感和肌理表现得越充分，超写实素描的视觉冲击力就越强。否则，就流于一般的长期作业的层面了（图2-18）。

超写实素描的训练是一个高级的技术和技能的训练。因为超写实素描无论是从观察方法还是表现方法上与普通素描都有着极大的差别。是最能体现技术和技能的一种特别的素描方式。当然，在素描教学中引入超写实素描的训练，其意义并不仅仅是去培养一个杰出的、超乎寻常的素描画家，而是通过超写实素描的训练，能够获得一种细致表现对象的素描绘画的技术和能力。

绘画者拿起笔的一刹那，就要明白，从现在开始，画的每一笔都决定着最后画面的效果。橡皮是一个没有作用的家伙，它只能把颜色减轻。即使最好的橡皮，最用力地擦，错误的一笔也会永远留在这张纸上。画别的素描有一些错误的笔痕没有关系，我们可以把它当作背景，可以把它当作营造空间效果的东西。但是超写实素描不行，因为我们要把事物描绘得惟妙惟肖，因为我们要把事物描绘得淋漓尽致，那些影响画面的因素一定要去掉。所以，起稿的时候要轻，再轻，轻得不能再轻。

超写实素描常见的毛病大致可以分为四种："脏""腻""乱""花"。脏是最容易出现的问题，超写实素描首先，要保持画面十分的干净；其次，物体部分同样要保持干净。只有干净，物体的肌理才能充分表现出来，而画面弄脏的原因，大部分是与画者执笔绘画时手背接触画面的面积大，且来回摩擦有关系；而腻的原因比较简单，一个是铅笔的重复次数太多，再一个就是用6B以上的软铅笔铺底也容易造成

a   b

图2-18
REGIUS超写实素描作品

腻的现象；线条的排列组合要规整，不能留有表现肌理质感以外的乱线条，不存在的线条就让它真的不存在，存在的只是各种复杂关系的深入；色调过渡要均匀，就不会出现深一块、浅一块的花斑了。

超写实素描要注意几个环节的刻画。第一个环节是"全因素"素描。所谓"全因素"素描，是指需要考虑写实绘画所有因素（不包括色彩关系）的素描，除了光影、明暗调子之外，还有空间关系、质感和量感，也包括结构、主次、虚实、构图等。简单说就是面面俱到的写实性素描里的所有因素，其实超写实绘画就是把"全因素"素描发挥到了极致。"全因素"素描中的空间、形体、质感……都必须体现出来，没有这些因素别说是超写实素描，就算是"全因素"素描都不是合格的作品。第二个环节是要特殊注意质感的表现。在"全因素"素描里，质感的表现实际上是可以点到为止的。例如，我们描绘一个玻璃罐，由于室内灯光非常多且混乱，所以通常大家会采取概括和归纳的方法，只画一两个重要的高光就可以了。但是在超写实素描里，必须要将所有投射到玻璃罐上的高光都画下来，不管有多少个，不管它们都是什么形状，不管它们之间有多少微妙的色差。这些都要表现出来。这就是超写实绘画。其他的要求几乎跟"全因素"素描一样，唯独质感表现这一条要极其深入。

除了质感上面的光影要真实表现之外，还有就是各种质地的表现。什么东西是坚硬的，什么是柔软的；什么是粗糙的，什么是光滑的；什么是轻的，什么是重的；什么是干的，什么是湿的……什么是金属的，什么是尼龙的，什么是棉布的，什么是编织的，什么是塑料的……质地的原概念是指某种材料的结构性质，引用到视觉艺术中，质地的存在离不开形态，它作为一种要素，在艺术表现上是通过不同质地结构性质的对比来实现的。对于质地上的差异基本上有两种把握方式：一种是触觉的；另一种是视觉的。触觉的体验是直接的，触摸羊毛是柔软的，触摸铁器是坚硬的，品尝柠檬是酸涩的，品尝干枣是甘甜的，这些都是通过触觉来体验的。视觉上的关照是从一些表面很平滑，但视觉上则令人感觉到许多独特质地特征，如：电视荧屏出现各异的质地变化，一张纸画出不同

的质地效果，照片上成像出各种质感，这些都是透过视觉而唤醒触觉的体验。我们画的超写实素描，就是要达到唤醒触觉体验的这种效果。

当我们的作品深入到自己没有耐性的时候。你就要想一想，你的作品空间表现出来没有，结构表现出来没有，质地表现出来没有？能不能唤醒我们的触觉体验呢？当这一切都没有疑问的时候，我们的作品就可以结束了。

（四）中国的超写实艺术

中国的传统艺术是一种"写意"的艺术，因为在中国传统艺术中，大多数的艺术作品显现着"取其意，而忘其形"的艺术特点。事实上，在中国的传统雕塑艺术中，并非均因为追求"意"而忽略了"形"的表现。比如在中国的石窟艺术中，出现过许多表现手法与众不同的雕像，其表现内容细致到触及肌肉、骨头、血管。不仅神形兼备，甚至到了"超写实"的程度。这就证明超写实艺术在中国有着源远流长的历史。

然而超写实艺术从世界范围真正进入中国，是在20世纪80年代。随着改革开放，国门的打开，现代艺术潮流呼啸而入，中国画坛真正地实现了裂变，多元化的意识深入人心，艺术开始与世界接轨，尝试并努力同世界潮流同步发展。中国写实油画发展的黄金时期到来了，当时涌现出了一大批优秀的写实油画作品，如罗中立的"父亲"、陈丹青的"西藏组画"、何多苓的"春风已经苏醒"等作品成为那个时期的标志。后来，陈逸飞、艾轩、杨飞云、王沂东等人共同成立了"中国写实画派"，这标志着中国写实油画以群体的实力形式亮相给世界和中国绘画界。

自1983年起，原中央工艺美术学院率先在装潢系和特种系（特种工艺系的简称）开设了超写实绘画课程，并聘请了美籍华裔超写实画家到该校执教，传授技巧。如今超写实绘画已是高等美术教育中的一门必修课。的确，超写实的作品确实会令我们赞叹。因为它将生活描绘得太充分了，对于肖像画，它甚至描绘出一根毛发，一个毛孔，一丝皱纹上渗出的汗水……即使是照片，也未必能描绘出这样的真实。当

人们惊讶于这些作品的时候，也就是他们对超写实绘画感兴趣的时候了（图2-19）。

在当代中国，可以发现当代艺术已经进入了后现代时期，改革开放以后"超写实主义"得到人们的接受并得以快速发展，并形成具有中国特色的艺术形式，其反映的内容更加多元，不再是像现代艺术那样具有强烈的革命性、破坏性和创新性，是因为那时的中国画家在这一艺术形式中注入了中国民族崭新的、鲜活的生命，顺应了民众的审美取向。因为长期的文化禁锢已经让人们的思想僵化，假而空的虚假艺术已经让人们深恶痛绝，所以"父亲"一画以超写实艺术手法表现作品，产生如此大的影响便不难理解。当这一幅作品首次出现在展厅时，民众和艺术家受到强烈的感官冲击，这种冲击来源于它形式的新鲜和画面的逼真。它既迎合了民众审美的"认知"，也给予了观者亲切感，在艺术界掀起了巨大的波澜。于是众多的

同行纷纷仿效，这种艺术形式以最快的速度"流行"起来。改革开放以后，在国家的大型美术展览中，都可以见到这种画风的油画作品，并且涌现出了一批年轻的画家，他们以中国式的超写实主义手法，丰富了油画艺术语言。现在不少艺术家对这种风格情有独钟，并且一直在执着地钻研这门艺术，他们当中不乏佼佼者，如冷军、石冲等。因为他们的画面特点和介入作品的因素体现出更多的混杂性，这里我们也许要称呼他们为"新超级写实主义"画家更为合适。由此可以看出，超写实绘画在当代艺术的大背景下也在不断推进演变，反之超写实绘画也不断地影响着当代艺术。当代艺术中各种艺术形式、画面风格、应该相互学习借鉴，使艺术真正做到百花齐放，丰富我们的文化艺术事业。随着对当代一些题材和内容的切入，包括对一些现代化科技的运用，必将给超级写实主义绘画在中国的发展带来新的机遇。

a

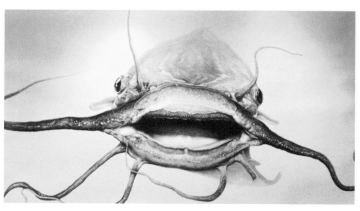

b

c

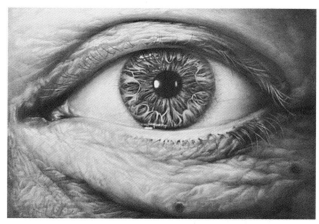

d

图2-19
央美大一新生的基础作业

（五）超写实素描与其他素描

精细入微的形象刻画。超级写实主义绘画的主要艺术特征在于艺术家利用现代摄影及投影技术等科技手段对画面形象进行极其细致的描绘。如美国画家克洛斯、埃斯蒂斯等人笔下尺度巨大的人物肖像、城市街景中的各类物象，不论是人物面部的细微褶皱或细小的毛孔，还是简单的一个瓶子、一辆汽车或一件化妆品等，经过艺术家无微不至的深入刻画，都呈现出一种极其真实的人物形象或是光怪陆离的现代化城市景观。正是这种对画面形象"真实性"的极致追求，使得画面中呈现给观众的艺术形象既极度真实，又非常陌生。这种画面的极度真实往往一方面令很多观众不禁感叹"画得比真的还像"；另一方面又带给观众一种将信将疑般的好奇。所以，当观众直面一个尺寸数倍于常态而描绘真实的形象时，随之而来的是视觉上全然的陌生感和巨大的震撼感。艺术家以全新的形式改变了人们惯常的视觉接受模式，建构了一个不同以往的具象世界。就如同我们用高倍显微镜观察一个我们平时都非常熟悉的物体所看到的另一个陌生的微观世界一样，令我们感到万分惊奇。

很多人都分不清精细素描、"全因素素描"和超写实素描的差别，那它们的区别是什么呢？

1. 超写实素描和普通素描的区别

（1）**侧重点不同**。精细素描、全因素素描偏重于解决造型能力和塑造能力，而超写实素描更多地偏重于塑造能力，特别是对物体表面的肌理效果的塑造。超写实素描一般借用投影仪把图像精确地投影在画布或纸上。这个方法的优点是方便快捷，同时提高很多小细节形体的准确性，这是手绘难以达到的效果。

（2）**表现形式不同**。精细素描、全因素素描要求画面的完整性，它包括构图得当、形体比例准确、物体刻画细腻结实、有空间感、光感、质感。它更多的是一种造型基础的训练手段。而超写实素描是一门独立的艺术表现形式，也是一门艺术语言。它更强调艺术家的思想和个性。它可以画面不完整，可以形体夸张、变形，但是他们局部细节刻画足够精彩绝伦。细节的完美大于整体的完整。

（3）**深入程度不同**。超写实素描要比精细素描、全因素素描深入得多，其实超写实素描就是把全因素素描发挥到了极致。全因素素描中的空间、形体、质感等都必须体现出来，没有这些因素别说是超写实素描，就算是全因素素描都不是合格的作品。深入要特别注意质感的表现，在全因素素描里，质感是可以概括的，但在超写实素描里，不仅要把质感画到位，甚至可以强调和夸张。例如，我们描绘一个男青年的皮肤，全因素素描一般会通过揉和擦使铅笔排的线条更具块面和更细腻来表现皮肤的质感，但超写实素描还要在此基础上刻画出皮肤上的毛孔、虹膜上的斑纹、皱纹上渗出的汗水、皮肤下的静脉血管……

2. 超写实素描和电脑绘画的关系

现在是一个数字信息爆炸的网络时代。人们的视觉经验变得丰富和多元，电脑已经应用到各行各业的方方面面。艺术也不例外，数字媒体艺术的出现开拓和丰富了艺术的疆界，也为新艺术提供了新的可能性。但为什么还要学习超写实素描呢？

（1）电脑和铅笔、油画材料都只是思想表达的一个工具，艺术修养、创造意识和表现技巧决定了我们作品品味的高低。用一个形象的比喻：有技术没有艺术修养的人是"瞎子"，有艺术修养没有技术的人是"瘸子"。

（2）超写实素描可以训练独特的观察方法，提高眼睛对事物观察的敏锐性，这是成为艺术设计师和艺术家的先决条件。它更多的像学习英语单词，熟练掌握运用好了单词才能更好地造句、创作诗歌、创作小说。

（3）在手绘过程中有些意外的特殊效果和手工带来的乐趣是电脑难以替代的。

（4）手绘是最快的表达方式，眼睛观察、收集到的信息传递到大脑，整理、处理后又通过手来最快的表现出来。虽然现在可以用Photoshop等软件来表达创意，但是电脑的强项是在上色和修改方面，用过图像软件的人都会有这样的感觉，电脑在造型方面还是比较弱的。所以还是要把手绘的能力训练到一定的高度，才能更自如地使用电脑。

（六）超写实素描表现及意义

1. 超写实素描的观察方式

对对象的观察方法，是描绘对象最原始、最具体的信息源，正确的观察将引导学生正确的表现，没有正确的细致入微的观察，就不可能有丰富的表现结果，就不可能有观者强烈的视觉刺激。所以说，观察力是绘画者在素描领域中是否成熟的一个重要的能力。因此说，特定的表现效果，总是源于特定的观察方式，由此可见，不同的观察方式引导人们的视觉在对象中选择出不同的视觉内容，那么超写实素描的观察方法是怎样的呢？最简单地说是——近距离。

超写实素描的观察方法提倡近距离，距离近就看得清晰，越清晰表现的东西就越丰富。在超写实素描中，表现对象时不要虚，不要模糊不清。比如，我们在观察一块衬布时，我们不仅要观察它的基本色调，是深色还是浅色，还是中性的灰色，还必须对每个布纹的皱褶起伏变化，肌理变化观察得十分仔细，看得入微。再比如画一双破旧的旅游鞋，我们不仅要看到组成旅游鞋的各种色调组成的图案，分析其素描的色调关系，还要仔细观察针线缝制的走向和肌理，观察贴片之间的体积关系，观察鞋带与鞋帮的空间关系。所以说仔细入微的观察是超写实素描能否成功的关键，不能轻视。

2. 超写实素描的表现方式

超写实素描的表现方式与通常的长期作业是不大相同的，大致有两种能更明确地体现超写实素描的表现方式。

（1）**构图与轮廓的勾勒**。超写实素描的构图与通常长期作业的构图规律和要求大致相同，只是在摆置静物时，物品不宜过多，最简单到放置一块布，一件牛仔衣，一双旅游鞋，一件破陶罐等。由于超写实素描描绘对象时几乎是面面俱到，物体相对又少，所以在构图上尽量要丰满，要完整，尽量使画面的物体不要被切。

超写实素描勾勒轮廓最突出的一个特征就是用一根线来勾轮廓。准确并精练地勾画轮廓是超写实素描最重要的步骤之一，犹如一个框架结构的建筑，有了框架，墙体才有了依靠，门窗才有了依托。另外，超写实素描最后的效果必须是几乎看不到线条排列的痕迹。所以，勾画轮廓时先轻轻地把构图的位置确定好，然后再轻轻地把物体的外轮廓及内轮廓勾好，大致准了以后，便用一根线把所有的轮廓清晰地勾出来。勾画时一定不能用复线，要细心，还有耐心，彻底改掉以前用复线勾勒轮廓的方法，如果出现已有的辅助线或复线，要及时地用橡皮擦干净，勾好后不能在上调子时随意改动。

（2）**色调及肌理的精细刻画**。超写实素描最后的表现效果是所刻画的对象本体上不能有明显的线条排列的痕迹，要把线条尽可能融化在物体色调与肌理里面去，千万要注意，在超写实素描画面里的各种物体不能有明显的主次之分，虚实之分，铺色调时也可以摆脱以前铺大色调，做大效果的方式，可以从局部画起，一步到位，从一个局部延伸到另外一个局部，直至完成整个画面。用细致入微的方法，把对象的色调和肌理表现得淋漓尽致，犹如身临其境，触手可摸，一幅超写实素描的作品才算完成。

3. 超写实素描中常见问题

超写实素描常见的毛病大致可以分为四种："脏""腻""乱""花"。

（1）"**脏**"：脏是最容易出现的问题。超写实素描，首先，是画面要保持十分干净；其次，物体部分同样要保持干净，只有干净，物体的肌理才能充分地表现出来。而画面弄脏的原因，大部分是与画者执笔绘画时手背接触画面的接触面大，且来回摩擦有关系。所以绘画者执笔绘画时，手尽量不要接触画面，非要接触时，应用小指指甲顶着，并尽量不要来回摩擦。

（2）"**腻**"：腻的原因比较简单，一个是铅笔的重复次数太多，再一个就是用6B以上的软铅笔铺底也容易造成腻的现象。应注意的是应该先用3B或4B的画，作画的后阶段，部分需要特别黑的地方用6B或8B的铅笔画，再一个就是绝对不要用手或工具去摸、去擦。

（3）"**乱**"：超写实素描要求表现对象的质感或肌理时，不要明显地看到线条的组合，更不能为了追求排线的快感，且用乱七八糟的线条来宣泄自己的个性。因此，线条的排列组合要规整，不能留有表现肌理质感以外的乱线条。

（4）"花"：这种情况出现的不多，主要指在色调的处理上会深一块或浅一块，色调过渡不均匀，只要在色调的过渡上注意一点就能解决。

三、材料表现

材料表现是素描绘画中的基础，所有的绘画艺术都需要通过材料表现给人们绘画艺术特有的艺术气息。种类繁多的材料给绘画艺术创作带来更多意想不到的效果和异彩纷呈的绘画世界。换句话说，材料是绘画艺术的语言，而素描作为绘画艺术的一个分支，最大程度的依赖于材料存在，伴随着人们审美要求的改变，素描在材料选择与运用上都有很大改变，材料也已经以一个个体的形式渗透到艺术世界中，带来了艺术语言的深刻变革。

（一）底料

在欧洲，最早出现的纸是莎草纸，它是古埃及文明的一个重要组成部分。古埃及人使用这种草制成的纸张，是历史上最早、最便利的书写材料。至8世纪，中国造纸术传到中东，才取代了纸草造纸术。

现代用于素描的纸张一般是工业化生产的平版纸，其全张的尺寸规格有787mm×1092mm和850mm×1168mm等。800mm×1230mm则是A系列的国际标准尺寸。用于素描的纸张通常有普通素描纸、纸板、卡纸、牛皮纸等。超大尺寸的素描作品也可以使用优质的卷筒纸。部分画家为了获得特殊的画面肌理和满足自己特殊表现技法的需要，会使用定制的手工纸或自己亲自参与造纸，以满足素描表现的需要。此外，各种有色纸，水彩纸等也可以用来作为素描用纸本材料。

纸张的质量用定量表示，指的是单位面积的纸张质量，以每平方米的克重单位计算，表示为g/m^2，如普通纸的质量在$140g/m^2$左右，定量越大，纸张越厚重结实。一般纸张定量在$250g/m^2$以下，超过$250g/m^2$的则称为纸板。

纸张的肌理、吸收性、牢度和保存寿命是决定素描用纸性能的几大要素。肌理通常指纸本材料表面的组织纹理结构，有一些纸张或纸板表面具有纵横交错、高低不平的纹理，这一方面能使素描作品在绘制过程中产生丰富而有变化的肌理效果；另一方面，也使纸张具有了更强的吸收性，能够使铅笔、木炭等素描工具在纸上留下的痕迹能够更好地附着。在绘制素描的过程中，铅笔、木炭等干性素描材料所产生的微小颗粒被压力压入纸中，一些颜色微粒被纤维吸入其空隙。一个具有吸收性的纸本材料，其表面要粗糙或粗糙到一定程度。过于光滑的纸张，如普通的打印纸、铜版纸等，对干性素描材料的吸收力不够强，不宜作为此类素描用纸。但对于水性素描材料来说，由于水和胶质材料具有较强的渗透性，能够很好地附着在相对光滑的纸本材料表面。

纸质材料的牢度是指材料中纸纤维的结实程度，用于干性材料素描的纸本材料其表面纸纤维不宜过于松散，否则在反复描绘的过程中会导致纸质的损伤，同时也不利于颜色微粒的吸收。

素描用纸的色彩可以和画笔工具的色彩配合产生不同的情趣，但一般的有色纸的色彩可能难以持久，日后会出现变色、褪色现象，影响到画面效果，因此，比较重要的作品应尽量使用艺术有色纸或自行在白纸上进行色彩处理以保证基底色彩的持久性。纸的制造方式通常有手工造纸和机械造纸，手工造纸的颜色，不如机械造纸容易变色，但因为不用化学药品漂白，所以抄成后普通纸不及机械造纸洁白。

在制造高级纸的纸浆时，必须把植物纤维中含有的木质素、果胶、树脂以及脂肪等其他成分尽可能去除，仅保留纤维素和半纤维素。纤维素含量高，纸张的强度、韧性和弹力就越高；而木质素则使纸张带色，影响纸张的白度。由于生产工艺的原因，普通纸张中会残留一些酸，酸会使纸中的纤维素水解，使纸张变色发脆。博物馆作为永久文档保存的纸多用中性无酸纸（pH值=7）。因此，比较重要的作品因尽量选用优质纸本材料来完成，并尽量避免作品长久受到日光暴晒以延长作品保存寿命。

绘画作品最大的美感在于它的"原真性"，即原作不可复制的独一无二性。素描作品也不例外。大量的印刷品虽然能够基本还原原作的明暗层次和色彩，但印刷品统一的表面效果和原作丰富而微妙的肌理和明暗层次变化仍然有很大不同。不同的纸质材料在制造的过程中产生了各种不同的纹理，或规则，或不规则，或粗糙，或平整光滑，不同种类的纸张也有不同的吸收性。而专门为艺术家定制的手工纸更有机械造纸所不具备的独特肌理和美感，这些纸张的空白处即使是不着一笔，也仍然有非常丰富的层次和变化。当我们用同一种素描材料在不同的纸上进行实验时，会发现每一种纸的效果也各不相同。而这些效果在构成素描语言的过程中也起了很重要的作用。

在一张表面纹理较粗，吸收性强的纸张或纸板上，更容易获得松动、朦胧的光线效果和表现强烈的明暗变化，因为纸张的粗糙肌理很容易使画面产生丰富的明暗变化。同时，由于纸张较强的吸收性，干性素描材料和水性素描材料都能够在纸面上画出较深的色阶层次，产生较强的空间感。与此相反，如果在一张表面平整、光滑的纸本材料上，用水性材料进行描绘，则更容易获得流畅的线条，丰富而华丽的装饰趣味。有时，为了探索更加独特的素描语言，艺术家也可以利用纸张的某种缺点，反其道而行之。在一张表面吸收性不强的纸张上用干性素描材料作画，利用纸张不能吸收素描材料颗粒的属性，来制造一种干涩、浅淡，偶然而意外的画面效果。

对于那些精细的长期素描作品而言，过分粗糙的纸面肌理会使将来的深入刻画无法进行。同时，如果纸面过于光滑，则无法进行平滑而细腻的明暗过渡，都会使预想的画面效果无法实现。因此，选择合适而恰当的纸本材料对不同的素描风格显得尤为重要。当然，在实际的素描写生或创作中，纸本材料的特点也只有在和素描工具的配合下才能更好地呈现出来。

（二）干性材料和湿性材料

无论是何种专业体系里的素描，都要遵循素描本身工具与材料决定的特性。从总体上来讲，素描常用的描绘材料可以分为干性材料和湿性材料：干性材料，通常是指铅笔、木炭条、彩色铅笔、色粉笔、炭精条、银针笔等素描材料。湿性材料，通常指用钢笔、画笔、羽毛笔、竹笔和墨水，单色颜料来完成素描的材料。

1. 干性材料

（1）**绘画铅笔**。铅笔是最基本、最常用的素描工具，铅笔的一大特性就是可以提供不同软度和硬度的选择，由此也就可以产生不同的素描风格：在毕加索"佛拉的肖像"中，我们可以看到毕加索使用绘画铅笔的线条层次清晰却又轻柔，这也是毕加索在近百年来素描发展史上的最大贡献，他从很大程度上加快了素描发展的进程。而另一幅作品"雷诺瓦的肖像"是画家在另外一种心情下进行的创作，他只使用了一种轻柔的深色铅笔来表现雷诺瓦的形象。由此可见，画家是很善于选择适当的绘画铅笔的明暗来诠释自己的作品的。

（2）**彩色铅笔**。古典大师经常使用这一工具，极富表现力。佛兰德斯画家鲁本斯更是将这一材料发挥到了极致，在他的"伊萨贝拉像""儿子肖像"中，将彩色铅笔与普通铅笔结合得淋漓尽致，完美无缺，充分表现了形象的柔美。但是彩色铅笔有一个缺点，即它的明暗层次只有其他铅笔的二分之一，这是因为彩色铅笔不可能像其他铅笔那样产生很暗的效果，而那些对彩色铅笔的特殊光效青睐有加的画家们似乎并不介意这一点。我们在使用彩色铅笔进行创作之前一定要测试一下它们的色泽的稳定性，防止因在自然光条件下彩色铅笔的快速褪色而对作品造成不良的影响。测试步骤如下：首先，要把所有的颜色的样本记录在同一张纸上，以便将来进行对比检验；然后，将彩色铅笔切成两半，一半夹在书中以防曝光，另一半放在室内窗沿上接受阳光照射。最后，在两个星期后将两半彩色铅笔进行对比分析即可。通常粉红色或紫色最容易褪色。

（3）**银尖笔**。银尖笔作为最古老的素描材料之一，从古代延续至今。过去人们在画纸上涂上一层白色干酪素或者一层较薄的胶水，且胶水里混合了精细的研磨材料如骨粉等，从而使用银尖笔进行绘画创作。在使用银尖笔作画时，通常是在一枝现代机械制的笔中插入一条长长的银金属线，并且把它弄成一个很细的点使用，这样就可以像使用普通的画具那样来使用银尖笔了。此外，在准备画纸时无须专业技巧，简单易学：首先拿出一张优质纸（纸张不要太过粗糙），用黑色纸带把它固定在一张木板上。然后用很大的水彩笔均匀流畅地涂上白色水彩。尤其值得注意的是白色水彩要用足量的水冲淡，从而更加流畅。只要像这样均匀流畅地涂两到三次即可。如果作画者想将白色画纸背景与一些中性水彩颜料混合在一起，那么应该让白色画纸背景的亮度高一些，因为银尖笔会产生灰色的色调。

此外，还可以在纸板或白纸上涂上丙烯酸的石膏粉，用铝制钉子在上面作画。如果作画者想要修改自己的作品，那么需要轻轻地抹去，且要将白色背景中被修改的各处重新上彩。从总体上说，银尖笔是一次性创作，很难进行修改。画家莎拉·哈维兰德的作品"自画像"就是使用银尖笔进行创作的，整幅画显得结实、刚硬。

（4）**色粉笔**。色粉笔也称白垩笔，其色彩跨度很大，而且笔尖可以处理成多种角度，因而表现力极强。画家米开朗琪罗创作"圣母怜子图"时，将色粉笔的笔尖削尖，使细小的线条和谐地融合在一起，从而产生一种微妙且微微发光的造型，这是非常奇妙的创造，因此，后世很难对该作品进行复制。而画家雅各布·蓬托莫则使用笔的侧锋并用手轻轻地将颜色抹开，巧妙而优美地在画纸上擦出精美纤细的色调，产生了一种平面的块面效果。与之相反，画家玛斯·布鲁姆在"群树图"中，在粗糙的素描纸上留下了很多色粉笔的小颗粒。在绘制轻柔、急速且自由移动的线条时，常常会使用这种方法。

（5）**炭笔**。炭笔有各种各样的软硬程度，越软的炭笔画出的线条越深。炭精条密度更大，且比传统类型的炭笔颜色更黑。炭精条可以用于加深色调，同时炭精条因画家使用时角度的不同可以变换出多种效果，削尖的笔头与纸面接触会留下锋利的线条，笔身的斜面轻轻擦过则呈现轻柔的色调。如此这般竟与中国毛笔有异曲同工之效。奥蒂诺·雷东的作品"茶碟里的施洗约翰的头"就是使用炭精条创作的，画面色调浓重，层次丰富，时而尖锐，时而隐晦，增强了画面阴森恐怖的气氛。雷东称他那些如天鹅绒般纹理

的、极富个人色彩的素描作品为"我的黑色世界"。

（6）**蜡笔**。蜡笔包括普通的蜡状笔和被称为平版蜡笔的油画棒或油性铅笔。蜡笔并不是蜡，而是大部分成分为石蜡构成，颜色是染上去的，因而会褪色。对蜡笔是否褪色的试验与对彩色铅笔的试验原理和过程是一样的。在画家约翰·菲拉贡纳的作品"一只踡曲的狗"中画家应用了平板蜡笔可产生较粗边缘线的效果。这位艺术家也是一位雕塑家，他抓住了一个狗在自然状态下的身体姿态。虽然画家只用了轮廓来勾勒形象，但狗的形象却真实自然，栩栩如生。作品的理念决定了画家所使用的绘画工具。

2. 湿性材料

（1）**钢笔和墨水**。在素描材料与工具中，最具有灵活性的是钢笔和墨水。不同种类的钢笔尖、墨水以及不同钢笔的施压情况可以产生千变万化、多彩多姿的效果。当然，干性绘画材料与湿性绘画材料彼此间是可以混合的。例如，我们都对大师凡·高的绘画作品印象深刻，他的作品是用铅笔打底，然后在上面进行钢笔绘画。现代绘画所使用的墨水都是由染料、虫漆和水制成的。

（2）**钢笔淡彩**。东方艺术家使用的毛笔在纸上展示出来的千变万化、神秘莫测的艺术效果，一直使西方人赞叹不已，继而纷纷加以试之。在克利的作品"一个正在休息的年轻人"中，画家使用了一种日本毛笔，使画面产生了一种从粗到细的线条效果。这种线条变化让我们惊奇于画家是如何将他奇特的笔头，倾斜地放进画纸压缩的空间里的能力。克利通过轻微地冲淡他的墨水，产生了更加宽广的钢笔淡彩效果，并且使用干水彩笔绘出一些线条，从而拓展了水彩笔的绘画技术。在马蒂斯的"裸体女人与黑色蕨类植物"中，画家使用了同样的绘画工具。这是一张很大的墨水画，但是他的墨是纯粹的墨，没有掺水进行混合，线条粗犷豪放，极富表现力，颇有些抽象意味。而在普桑的"风景"中，混合了水的墨，大部分刷在背景平面上，钢笔淡彩则是用在整个画面的各种透明密度中。整件作品如在一个十分有趣的、湿的、富有节奏感的平面中灵巧地演奏着管弦乐。

钢笔与墨和水彩结合可以产生独特且多变的效

果。通过对湿性笔的使用，画家把它们变成一种格外富有表现力的绘画工具，很好地实现了画家们的个人构想和视觉效果。

干性材料和湿性材料之外，我们再来看一下软质类工具，它主要是指毛质类的工具。

中国是毛笔的故乡，毛笔制作历史悠久，品种繁多。毛笔的主要结构是笔管与笔头，笔头有大小、长短、软硬的分别。用毛笔作素描，其线条可以千变万化，掌握得好便可以画出具有表现力的画面效果。中国传统绘画善于运用各种线条的组构表现个体的情思，并运用线条的长短、粗细、曲直、方圆、干湿、浓淡、刚柔、强弱、毛光、顿挫、迟缓、疏密、虚实、隐显等对比手法，表现物象的气韵、形体、空间、质感等，使线在运动和变化中彰显出自然和谐之美。线的应用一直为中国艺术家所关注，而毛笔这种工具的特性为线条的丰富变化提供了可能，这也是构成中国画迥异于其他民族绘画形式的重要特征。

（三）综合材料

1. 综合表现材料

传统素描材料多采用铅笔，相比较其他画种，传统素描的工具材料更为简单、方便，似乎只需要一张素描纸和一支铅笔而已，铅笔不过有2B～8B之分。鼓励画者不断尝试各种材质、媒介，即除了单一运用素描纸张还可以采用卡纸、牛皮纸、有色纸试验，甚至在布面和层板上结合颜色和自然材料综合试验，增加了画面的偶然效果和瞬间情感表达。素描材料媒介的综合实践方式很多，传统水墨画在素描中的融合所形成的湿画法，大大地丰富了素描创作的材料与技法；同时在素描基础学习中使画者积极地利用综合材料、多种媒介进行综合性的实践过程，不仅可以培养画者对素描基础训练的浓厚兴趣，还可以调动画者学习的主观能动性，鼓励画者多尝试运用各类干、湿性材料，获取意想不到的偶然性效果。画者对新材料、新媒介的感受与体验是一种创造性的实践活动，能进一步激发画者今后创作的灵感。

架上绘画重色彩的再现，而素描强调对对象结构、光影的组合、分析和运用。如果仅仅让画者把精

力放在画面的精工细做上，忽略了对材料的研究与探讨，单单凭几支铅笔就一直画到结束，实际上就削弱了对画者观察、思考和创新等思维能力的训练，应该强调的是，在信息时代影响下，表达素描的一般性能不是我们学习的目的，我们的目的是运用各种介质再现素描的奇妙世界。素描的训练可以是对材料审美规律的把握和创造性地运用，而不再是对某种单一介质的掌握。综合材料的运用为传统素描教学提供了一种全新的表现形式，拓展了巨大的艺术创造空间。

2. 综合材料思维

综合材料是不同类别材料的选择与组合运用。材料的多样性与加工技术的多样性是前提，对材料的把握运用则要通过综合思维，综合思维是在多元文化的影响下对事物的组合运用。随着时代和科技的发展，对材料的认识与驾驭能力的提高，绘画艺术逐步走向综合性，原来单一的材料已经不能满足绘画的需要。要对材料进行多元选择，以创造出综合的、新颖的视觉形态。如，展示设计利用光学、多媒体技术，增加了展示手段的多样性与观赏性，加强了观众的参与性（图2-20）。

让画者尽可能做多种素描手法和工具的尝试，传统素描模式通常包括先构图、分明暗、再深入刻画三大步，技法单一，几乎都是用排线的方式画素描。信息时代下，素描的表现手法包含涂、抹、擦、印等，不同的技法产生不同的视觉美感，不同的技法尝试会使画者的思想不再拘泥于传统素描的像和不像，在这方面可以结合各种技法多作尝试、探索。另一方面，

图2-20
动态版"清明上河图"展厅

绘画工具的改革也是创造素描新方法的一种手段，现代素描应放弃传统素描只用一两种绘画工具的习惯，选择多种媒介或结合各种有色纸张综合使用，甚至可以通过电脑制作等现代工具寻求新颖别致的形式组合，这样学习既可以加深画者的兴趣，也可以开阔画者的视野，提高画者的造型意识和审美能力。我们在以往的素描学习过程中发现，与传统的材料绘制相比，许多画者表现出更依赖于先进技术手段而厌倦、反感传统的绘画训练方法，实践证明，借助于综合材料、表现技法，作品效果也更丰富，比传统写实画法操作节省了大量的时间。素描训练可以不再从构图入手，可以打上强烈的灯光，让画者直接从光影入手，忽略对形的固有模式的理解，重点感受素描中光影的魅力。在素描绘画中，使用综合材料、不同技法辅助学习，可以增强画者对素描的兴趣，进一步活跃创作思维，有效地把绘画过程的重点放在思维训练和创造能力的培养上。

材料媒介与综合实践恰到好处的材质表现能给人以强烈的视觉印象，发现材料的新特性，探索材料的独特表现手法和效果，这是设计素描学习内容与创作实践活动的重要组成部分。一方面，材料媒介原本是我们素描学习的弱项；另一方面，材料媒介的丰富多样和未知性，都要求我们进行反复尝试、研究，对材料媒介特性的感受与体验是一种创造性的实践活动，试验过程中只有切实地感受材料、运用材料，才能激发画者创造的冲动与创作的灵感（图2-21）。

素描的材料媒介的综合实践方式很多，在学习中，除了用纸张试验外，还可以在布面和层板上结合颜色和自然材料综合试验。还可以在画纸上制作不同的肌理效果，这样可以增加画面的整体效果和情感表现力，还能使画面展现有机的脉络关系。在素描学习中，要积极地引导画者利用综合材料，因为在不同媒介的实践过程，不仅可以培养画者的探索兴趣，还可以调动画者学习的主观能动性，拓展他们开放性的视觉思维以及多方位、多角度地处理视觉信息的能力。

3. 综合材料素描的意义

在传统素描语言体系中，素描材料的性能在一定程度上对画家素描语言的运用产生着影响，但材料本身仍然是从属于艺术形象而存在，材料的美感隐藏于素描的造型、比例、结构、明暗处理之中。自从毕加索于1913年将报纸、壁纸等纸本材料进行拼贴并运用墨水、粉笔、木炭等材料完成了它的拼贴作品"吉他"后，纸质材料作为一种独立的绘画媒介，它的价值进一步凸显出来。纸质材料作为一种有独立审美价值的媒介，它的独立审美价值取代了原来作为绘画"基底层"的纸质材料的原有属性。当我们面对一件现代意义上的绘画作品时，从传统绘画的界定标准来看，它或许只是一件"素描"作品。纸本材料本身也在发生着巨大的变化。如艺术家可以将纸本材料粘贴在木板、画布等基底材料上，来完成素描作品。各种不同类型、不同质地的纸张拼贴在一起，产生丰富的肌理变化。干性材料、水性材料，甚至油性材料的混合运用所产生的干湿结合、水油分离与聚合的、丰富的画面效果已经打破了传统素描材料的限制，使素描和其他画种之间的界限变得越来越模糊。然而，这也带来了综合材料素描语言评价标准的失衡。由于材料实验所带来的作品稳定性和耐久性等问题还要等待时间的验证。

（四）材料表现的艺术价值

纵观素描艺术的发展史，尤其古典艺术时期，一个时期或一个地域的风格样式基本接近，越成熟的艺术越具有程式化的特点。从文艺复兴人文主义精神的广泛传播以来，艺术家才开始对客观世界及对自身的不断认识，冲破宗教情结的束缚，自主发挥创造

图2-21
动态版"清明上河图"

潜力。到现代社会，艺术家更追求自我表现，自由创造，张扬个性的艺术。媒介材料的大解放，可以融合很多表现样式：油性材料、水性材料、丙烯、漆等材料，拼贴、影印、转印、摄影等手段于综合素描创作中。有思想的人，选择恰当的材料，用适合的技法，融合素描的艺术性，必定能创造出惊人的、艺术价值更高的素描作品。那么在创作过程中，艺术家会不断体会摸索发现，材料与材料的巧妙搭配、材料与素描的浑然契合、技法表达与形式美的密切整合等，这些无一不是促成素描创作的重要因素。

素描材料的拓展和创新都不同程度地推动了素描艺术的发展，而且每一次绘画风格的演变也促进了绘画材料的拓展。艺术家观念的变化，从关心艺术材料的思维认识，发展出对材料艺术的关注，艺术家们在长期的创作中逐渐地认识到材料本身的审美价值及内涵的精神意义，把材料提升到转化为艺术语言的主要地位，材料本体成为人们关注的直接思考与对话的重要形式，从而实现了物质材料自身强有力的审美价值和艺术家的创造价值。材料上的实验和探索让素描产生活力。然而，新的视觉可能性，必然引起一系列改变：技术的、风格的、审美的乃至观念的。综合材料介入素描的制作是适应现代艺术发展应运而生的，一方面，素描材料的发展越来越趋向于服从艺术表现需要；另一方面，艺术家也越来越意识到材料对当代素描艺术发展的重要性。

媒介材料在素描艺术中的拓展创新，使得材料的视觉魅力为素描艺术增添了无穷的艺术创造空间，极大地提升了素描的艺术价值。其艺术价值的充分体现远远不再是传统素描那样单一质朴，而是更具多种可能性，更是真切的精神物化的内涵之美。

四、材质表现

材质表现的目的就是将所要表现的客观对象的材质特征充分地描绘出来，使其更具有真实感和空间感。材料质感取决于材质表面组织结构的疏密程度，以及对光的吸收和反射程度。以下是几种常见材料质感的表现：

图2-22
帕拉第奥风格

1. 石材的表现

石材是一种天然的材料，不同种类的石材在颜色，形状，花纹，软硬，透明度等方面都各不相同，但它们都会给人以坚硬，朴实的感觉。未经加工的石材不透光也不反光。因此，可用粗犷或锐利的笔触予以表现，注意明暗过渡要自然，纹理清晰的同时要注意整体的处理。边缘的处理要灵活，注重其自然结构的走向。对于经过人为琢磨加工出的多种石材，要根据具体情况灵活运用（图2-22）。

2. 木材的表现

木材是一种具有明显肌理现象的天然材料。木材的种类繁多，应用范围广泛，表面加工工艺也比较多。没有经过抛光，油漆处理过的木材，一般没有反光现象；表面经过加工的木材，具有一定的反光和高光，但其程度要比金属或透明材质弱，所以在用笔上要相对柔和一些，在纹理的表现上要注意不同种类的木材具有不同的纹理，木纹就是木材生长中形成的特殊纹理。在使用木材时，采用不同的角度进行切截用

图2-23
木材的表现

图2-24
金属的表现

图2-25
玻璃的表现

料时，如横断切面与侧断切面，会形成不同的纹理现象。在进行描绘时，要仔细观察其肌理特征，避免木纹生硬，充分表现出木材的生命感与体量感（图2-23）。

3. 金属的表现

金属材质由于其自身的材质属性，经过加工抛光后它的表面多为光滑面，具有极强的反光性，可以将周围环境中的物体投映在本身表面上，如果形体是圆柱或圆球可以使投映上的物产生变形，使之表面形成丰富变化关系，由于投映物与高光的作用，其黑白反差极大，这是高洁金属材质表现中最大的特点，以不锈钢的特征最为显著。也有个别的锈蚀金属，没有光泽，但却保留了金属所特有的重量感。同时，金属本身具有固有色，如金、铜等色泽较深，而银、铝、不锈钢则明度较高，这些都是在描绘时要认真区分表现的（图2-24）。

金属材料的造型多为机械加工所致，表面线型及转角都很规范化，而且质地坚硬、细腻，有很强的照射性和反射性。因此，表面的明暗和光影变化反差极大，对比强烈。在描绘时，应细致的将各种光影区分开来，用笔要有力，方向要一致，线条要工整，边缘要清晰，这样才能表现金属坚实的质地。高光最好能留出空白，同时加重暗部，在过渡区，可用灰色调进行渐变，但要尽量减少笔触之间的衔接与重复。

4. 玻璃的表现

玻璃的最大特点就是透明、反光，视线不受阻碍，可以反映出物象的整个形态及光影的反射效果。描绘时，可先画如同没有玻璃一样的感觉，高光部分留出空白，对透过的部分根据需要加以虚实处理，明暗过渡要自然，然后再以精确和肯定的笔触刻画高光和反光，以表现形体结构和轮廓。注意高光和暗部的透光部分的刻画，接着表现好它的投影特征。这样，对象的透明感就可以较好地表现出来了（图2-25）。

5. 塑料的表现

塑料制品多为机械注塑成形，表面有反光、亚光，透光、不透光多种。我们可以按照表现金属质感的方法来表现反光塑料，用表现玻璃质感的方法来表现透光塑料。塑料材质的表现应尽量柔和，高光面积一般不要太大，也不要太亮，避免使用变化突然的笔

图2-26
塑料的表现

图2-27
织物的表现

镜去观察纤维的交织、穿插关系（图2-27）。

7. 皮革的表现

皮革的种类丰富，不同的皮革具有不同的表面肌理，是一种表现比较复杂的材质。有的皮革材料表面肌理粗涩，纹理变化丰富，而有的皮革表面光泽好，纹理细腻，反光强烈。前者由于吸收光线，使皮革的亮部和暗部受环境色的影响比较少，因此，在明暗过渡上比较细致，暗部很少出现高亮度反光，用色比较均匀、厚重，而后者则相反。表现时应首先确立物品本身色的基本变化，以及大的形体转折明暗关系，然后在这个基础上应着重刻画皮革的纹理特征，如表面的凹凸变化、纹路变化的走向以及纹路交错所形成的网络特征等。以此来强调柔软富有弹力的皮革属性（图2-28）。

图2-28
皮革的表现

触，明暗过渡要均匀、自然（图2-26）。

6. 织物的表现

织物常见的有薄厚两种，因其加工的技术与所用线的材料不同，可以产生不同的质地。由于质地的密度不同，透光程度也不一样，但不管其密度多大它也是透光透气的，所以要比其他材质柔软许多。在表现时，明暗过渡要细腻，同时又要黑白突出，可用放大

CHAPTER

03

第三章

设计素描的
应用

设计素描分为基本形式要素、形式表象要素，以及设计的方法和策略三个部分。原则上，有关基本形式要素的研究在先，视觉表象要素的研究在后，方法和策略的研究探讨放在要素之间，起综合作用。设计素描的整体视觉思维方式：素描（画者的观察）—感受—分析—感知—理解—认识—思考—想象—推理—意象—归纳—整合—综合的一种以视觉化的表达方式和技巧为特征。

（1）明暗——从涂鸦到设计，这个实验探讨的其实是现代艺术中的抽象概念和方法。现代抽象绘画的始祖康定斯基在一次无意识的情况下从他的绘画作品中领悟到不描绘客观物体的绘画同样可以感人。据此，他逐渐发展了完全由线、形和色彩构成的，丝毫不反映外部世界的客观物像形态的抽象构图。

（2）形状——实现从以正形为中心的观察到对负形的观察，再进而达到正负形状的相互作用的动态过程的转变，以及将这种观察的策略最终发展成一种设计方法的可能性，即以达到平面图形关系的模棱两可性为目的的构图原则。

（3）体积——体积的几何性、重量感和对象片断的共时性再现我们对体积的认识不仅仅是对其几何结构和量度的把握，而且还包含重量感。体积是三维的，对它的体验就不是一个固定的视点所能包含的，完整的体验一定包含了时间和运动的因素，这就是立体主义的共时性再现的问题。

（4）空间——空间的几何性、空间容积及空间构成这个专题从透视的角度来探讨空间的知觉，这符合现实生活中我们对空间直接感受的方式。如，古典建筑和现代建筑（风格派）两种不同的空间概念，即对空间的虚空容积的几何结构的关注，以及对构成空间的限定要素的认识和操作。

（5）光影——光影的感知、描述和表现。光影对于建筑师来说是一种特别的造型手段。我们可以从两个方面来研究光线和阴影的问题：它既是一个纯粹的视觉现象，又是一个依据投影法则的作图过程。实验的重点放在光影的感知和描述上，通过作图法来了解光线和影子之间的动态关系，以及光影的表现性。这是一个从直接感知到理性理解，从作图法到抽象表现

的过程。

（6）质感——从材料质感到图案制作的视知觉转换。质感现象的特殊性在于它同时作用于我们的视觉和触觉两部分感觉器官，将对材料的触觉感受转化为视觉图形的有效手段。质感的研究包括四个相关部分：对材料的触觉感受，对材料的视觉特性的客观和真实的描述，对材料质感的抽象，图案的概念。

（7）色彩——色彩概念、色彩感觉和色彩构图对现代抽象作品的研究提示我们，色彩构成的根本问题在于色彩与形状之间的互动。色彩的研习是一个从简单到复杂的过程，一开始的练习只是按照比例和公式来调配颜色，几乎不需要依靠对色彩的感觉便可以完成。然后感觉的因素越来越在创作的过程中起到决定性的作用。

（8）解析——解析作为理解画面空间的手段图式分析就是运用图解的方法来剖析画面的要素及其构成的方式。对画面空间的认识主要集中在两个方面：一方面是所谓的深度空间的要素、结构和构成，深度空间是以透视法为基础的；另一方面是所谓的平面空间的要素、结构和构成，平面空间是以图形和背景的关系为基础的。

（9）写实——空间、开启和光影互动关系的真实描述。我们对建筑空间的体验取决于空间的围合、开启和光线等诸多因素。以写实的态度来研究空间，就是要能够真实地描述特定的空间，开启和光线造成的视觉感受。写实的研习依循两个途径：一方面，从对现实的室内空间的直接观察和描述来训练对光线的敏感性以及写实技巧；另一方面，通过一个模型装置来研究各种光照情况下的写实所面对的问题。

（10）体验——素描作为建筑体验的一种手段，这个专题探讨如何通过素描的手段来体验、发现和表现我们周围的视觉环境的基本态度和方法。当我们在体验一个建筑环境时，各种不同的素描方法帮助我们认识建筑形式的各个方面。而这种多方面的、包含时间、空间和运动因素的体验最终必然导致立体主义的共时性再现的表现手段。

（11）想象——照相剪贴作为空间想象的手段。照相剪贴是达达派发明的一种表现手段。原本毫不相

干的照相素材经过艺术家的剪接加工而产生新的含义。照相剪贴作为空间想象的手段就是利用照相素材来建构空间。

（12）表现——建筑设计表现的基本方法。表现作为一种素描的基本策略，它既不同于写实，也不同于想象。我们可以把表现方法分解为四个相关的操作来学习，即透视作图、配景研究、构图探讨以及渲染方法。即使是一个技巧尚未熟练的初学者，只要依循这些步骤去做，应该也能够制作出令人满意的表现图来。

总而言之，一方面，延续了包豪斯"感知的教育"的原则，试图建立一个与现代主义的设计概念和方法相一致的视知觉基础；另一方面，以视觉思维的整体观为线索，发展了一套集成式的和结构有序的独特训练方法。

第一节

视觉传达设计素描

视觉传达设计一词最早出现于1960年日本东京举行的世界设计大会，原意为"给人看的设计，告知的设计"。"视觉传达设计"简单地从字面上理解可以说是设计者需要通过可视的物象作为媒介传递信息给观众而进行的艺术设计，它在社会生活当中能起到以美的形式进行交流与展示的目的。"视觉传达设计"专业是一门灵活并且可塑性强的专业，因为它的设计常常跟图形、影像、文本、多媒体等信息媒介结合在一起，所以视觉传达设计的方向主要包括：海报、标志、插画、书籍设计、包装等。随着数字多媒体迅速发展，不断地挑战并充实传统视觉传达方式的内容，扩展了当代视觉传达设计外延，视觉传达由以往形态上的平面化、静态化，开始逐渐向动态化、综合化方

向转变，从单一媒体跨越到多媒体，从二维平面延伸到三维立体和空间，从传统的印刷设计产品更多转化到虚拟信息形象的传达。设计手段向高科技转型，新媒体是新的技术支撑体系下出现的媒体形态，如杂志、报纸、广播、手机短信。相对于报刊、广播、户外、电视，四大传统意义上的媒体，新媒体被形象地称为"第五媒体"。按技术划分，可分为两类：一是传统媒体的数字化，如数字报纸、杂志等；二是新技术下出现的媒体，如移动电视网络、数字电视、电影、触摸媒体等。新媒体在技术、传播方式、表现形态、视觉语言的呈现上均较以往有所改变和突破。由于新媒体数字技术的影响，视觉传达设计需要得到更大的扩展，如交互娱乐设计、多媒体设计、网络结构、应用软件、界面设计及数字设备设计等，从单视角的二维空间扩展到多视角的三维空间，甚至四维空间，使得视觉传达出现了更为广阔的空间。

荷兰技术哲学家E.舒尔曼在其著作《科技文明与人类未来》中指出："现在科技成为一种无所不在的力量，在相当大的程度上控制和决定了社会经济文化的未来。"我们生活在一个数字化的时代环境里，计算机已经成为现代设计师设计过程中必不可少的一部分，视觉传达设计正在数字化的浪潮中经历着一场影响深远的革命。一些新编程的设计软件，使得设计的产生和合成以及编辑修改变得非常简单，并且这些设计程序一直在不断更新，设计师在计算机的世界里不再受时间和空间的限制，可以尽情地描绘自己头脑中的世界。当然，人们对于感官的需求也在日渐提升，设计师在科技的承载下正在使之前不可能的事情变得可能。

2010年第53届世界博览会在上海召开，当时中国馆有一个设计让大家印象深刻，那就是动态版的《清明上河图》：脚夫赶着休闲走路的驴缓缓走在路上，开门做生意的商贩，匆匆赶路的人群，骑着骏马的官员……这些情景都出自大家非常熟悉的国宝级画作《清明上河图》。动态版《清明上河图》是以张择端的《清明上河图》为原型制作出来的，高6米多，长130多米，需要12台高清的投影仪同时工作，整个画面4分钟一个周期，累计出现人物：白天有691人，

夜晚有377人。我们可以这样近距离观赏到这样的经典画作，全部得益于先进的数字技术。而这些都是将近70人的制作团队费时两年的成果。先进的技术手段，配以设计师独特的想法，当然还有制作者的辛勤工作，让现在的人们能够这样真实地感受到《清明上河图》的魅力。

在20世纪20年代初期，书籍设计师维岑斯创造了"视觉传达设计师"这个名称，形容"使印刷传达有结构和视觉形式的个人活动"行为。它的意义在很大程度上预示了视觉传达设计师工作方式的独立性。随着社会的发展，视觉传达专业的发展发生了很大的变化，更加具有专业性和人文性。

一、书籍装帧设计中的运用

1. 书籍装帧概念

书籍装帧是一个整体的概念，是书之所以成为书的一个必经阶段。没有装帧给予书一定的形式，那么书就只能停留在书稿的阶段。随着时代的发展和物质文化水平的不断提高，书籍装帧设计也不再停留在只是一种装订行为的阶段。如今的书籍装帧范围逐渐扩大，不仅包括书籍形态的规划，还包括了书籍开本的选择、封面和扉页的设计、正文的版式和插图的设计，同时后期的印刷和装订也纳入到书籍装帧的范畴。这就要求设计者将内在与外观结合起来，整体进行设计，而不仅仅停留在工艺范畴的阶段，要上升到艺术领域，将艺术性和工艺性结合。

封面是书籍内容的浓缩体现，这就要求设计者在做封面前，不仅要了解书籍的内容实质，还要通过阅读，领会精神，据此做出正确的设计构思。同时在方案确定之前还要分别从作者、编辑、读者、出版商和技术员等不同身份的角度，对书籍做出不同的要求。并综合开本、材料、工艺价格等各种要素，使表现手法与各方面的要求达到和谐统一，并最终被认可。

（1）**书籍形态**。书籍形态是指开本、字体、版面、插图、扉页、封面以及纸张、印刷、装订和材料等的艺术设计，亦即从原稿到书籍成稿的整体设计流程，它在我国有着十分悠久的历史。在不同的历史时期，书籍的形态及其使用的材料也各不相同。尤其是随着材料与技术的不断发展，从而推动着书籍形态设计的发展，造成了书籍新形态的诸多问题。书籍的形态设计离不开材料、印刷与装订技术的支持，而电脑技术的普及、激光照排、制图软件功能的异常强大等，都可以让书籍设计者们实现一切想象。与此同时，技术的不断革新与发展又促使设计者们紧随其后，不断地进行新尝试，从而由新技术创造出新的创意形态。

（2）**书籍开本**。开本是指一本书幅面的大小。是以整张纸裁开的张数作标准来表明书的幅面大小的。把一整张纸切成幅面相等的16小页，叫16开，切成32小页叫32开，其余类推。由于整张原纸的规格有所不同，所以切成的小页的大小也不同。把787mm×1092mm的纸张切成的16张小页叫小16开，或16开。把850mm×1168mm的纸张切成的16张小页叫大16开，其余类推。

2. 书籍外部设计

当读者第一眼看到书籍时，书籍外观就起着至关重要的作用，它从很大程度上影响着读者对书籍的兴趣。因此，书籍设计的外部设计十分重要，其要素主要体现在书籍的开本、材质、装订方式、封面、封底和书脊的设计等方面。

（1）**开本**。作为最外在的形式，开本是书籍对读者传达的第一句话，适宜的开本设计能给人良好的实用性感受和艺术体验。小开本体现出设计者考虑的是读者的衣袋空间的大小，大开本能为典藏书籍增添高雅和气派的气息。不同的开本会引起读者不同的心理反应，原因主要有三个方面：一是与书籍的实际要求有关，什么样的开本适合什么内容，怎样才能便于读者阅读，读者阅读习惯充分说明了这个问题；二是形状产生的视觉张力，如窄长的开本给人典雅感，宽平的开本给人开阔感；三是不同的开本会折射出不同的文化内涵，如中国传统书籍，竖长的开本有深远的历史渊源（图3-1）。

（2）**材质**。随着科技的不断进步，材质在书籍装帧设计上的运用越来越丰富，封面、封底的材质与内文材质通常会有区别。封面材质种类极多，大致可分为织品类、皮革类、涂布类、塑料类、纸张类等。许多特种材料和印刷工艺极大地丰富了封面的效果。封面材质的选择根据书籍本册的品级、内容、风格和出版者的要求而决定。内页承载了整本书的核心内容，也对书籍的总重量起决定性的作用。例如，以图片为主的摄影集通常会采用铜版纸印刷，虽然铜版纸能展现出完美的图片效果，但是它的重量却不轻。近几年出现的轻型纸满足了不少读者的需求，触感好且重量轻，即使非常厚的书也可以轻松地随手翻阅，这种纸多应用于以文字为主的书籍，但它在对图片色彩的表现力上却不及铜版纸。在选择书籍的材质时，设计师要结合材质的特点与书籍本身的特点，只有努力做到内容和材质的协调互补才能在书籍装帧整体设计上锦上添花（图3-2）。

图3-1
Pentagram书籍设计

（3）装订方式。中国先后出现过卷轴装、经折装、旋风装、蝴蝶装、包背装、线装等装订方式，在西方装订技术的影响下，现代书籍装订方式呈现出更丰富的形式。各种形式都有不同的优缺点："骑马订"方便实惠但易生锈，而且牢度较差；"无线胶订"平整度好，但不耐翻阅；"锁线订"书芯较牢固，但平整度相对较差；"线胶背订"是先锁线再上胶，结实平整，但工序略烦琐，类似的形式还有很多。随着国内装订技术的发展和引进国外的技术，产生了越来越多高能高效的装订形式，这为书籍装帧整体设计提供了强大的技术支持。在书籍设计中，中西装订方式的碰撞也为书籍的发展和创新带来了更多机遇。

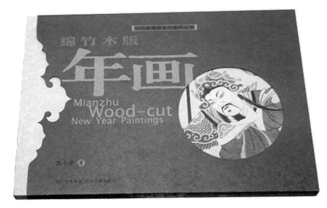

图3-2

（4）封面与封底。长期以来，设计者相当重视书籍封面设计。不可否认，封面是书籍的第一张脸。区别于广义的封面系统，狭义的封面是指包在书籍外面、书籍正面的部分，这是同封底、书脊、勒口分开而谈的。封面如同书籍的标志，是传播书籍内容的重要讯号，也是书籍装帧整体设计的重点。材料、文字、图案、色彩和工艺等对于封面来说十分重要。封面的材质一般比内文的纸厚，具有一定的保护功能，不同的色彩、图案以及印刷工艺表现出不同的视觉效果。封面不是孤立的，它是书籍结合体中重要的一环，在各要素相互影响和衬托下起着美化书籍和引导读者的作用。

书籍封底不会像封面设计那样张扬，但它通常是封面的延伸和补充，虽不是书籍的主导部分，但却是必要的。封底的作用不单是延续视觉，还承载着重要的信息内容，通常包括书籍和著作者的内容简介，编辑人员的姓名，书号、条形码和定价等信息。在设计封底的时候应注意到它与封面设计的统一性、连贯性和主从关系。封底是书籍整体美的一部分，封底设计作为书籍装帧整体设计的重要环节，设计师要重视它（图3-3）。

（5）书脊。在整体造型的元素中，书脊虽小，但它却是封面和封底的连接部分。当书籍放在书架上时，它将图书的形象和重要信息呈现出来，读者首先可以从书脊识别出书名、作者和出版社名称，否则书籍属性将难以被读者辨识。在实用性上，它是书籍的

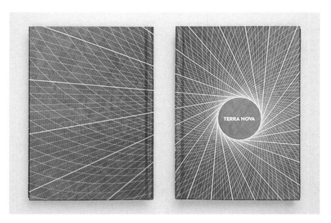

图3-3
Pentagram书籍设计

一个窗口，能在第一时间传播书籍的主要信息，方便读者查阅。在艺术处理上它也是全书的设计纽带，用第一视觉印象打动读者的心，让读者与作者之间产生出一种潜移默化的共鸣，这是一个不可忽视的因素。书脊设计不是孤立存在的，它是封面系统的一环，也是整体设计的一部分，与封面相呼应，同时也与封底紧密相连。因此，书脊也常被看作是书籍的第二张脸，需要设计师赋予它丰富的表情（图3-4）。

3. 书籍内部设计

如果说书籍的外观是其衣服，能够让读者印象深刻，那么书籍的内部设计则是它的心，等待读者去发掘其心灵的美。书籍由勒口、环衬、扉页、目录由外向内一页页过渡，逐步引导读者阅读书籍内容（图3-5）。

（1）勒口。勒口是指书的封面和封底的书口处再延长若干厘米，向中书内折叠的部分。勒口实际上和封底封面是一个整体。以往精装书的包封必须要有勒口，使包封紧紧依附在精装的内封上形成一件漂亮的外衣。后来许多平装书的封面也有了勒口，作用主要有三个方面：一是为了美观，在平装书刚出现勒口时，大部分勒口都是空白的，随着书籍的发展，勒口摆脱了以往的空白的局面，成了封面主体的延伸，为书籍增添了美感；二是可以防止封面卷曲，没有勒口的平装封面，如果封面纸较薄，书角就容易卷翘，而勒口则可以有效地防止这种现象；三是勒口可以承载部分信息，如在勒口印上作者的肖像和简介，或者是书籍梗概，有的甚至印上系列书目，这样既不影响正

文内容又具有极好的宣传效果，称得上是寸土寸金。

（2）环衬。环衬在书籍的封面和书芯之间，位于扉页的前面，有一张和对折双连的两页纸做成的衬页，常称为"环衬"。在封面之后、扉页之前的称为"前环衬"；在书芯之后、封底之前称为"后环衬"。精装书的环衬可以使书芯与书壳之间的连接更加牢固，在材料上也会选用比较坚韧的纸张。平装书中，有人在封面之后、扉页之前加一页纸，在书芯之后、封底之前也加一页纸，称之为"单环"。环衬的色彩、肌理、形式的美是动态的，在读者阅读时，从封面、环衬、扉页到正文依次进入读者的视线范围，是实用之美和动态之美的结合。

（3）扉页。扉页是指填充面和环衬后的那一页，上面的文字跟封面的近似，或详尽或简洁，有调节封面和内页阅读节奏的作用。扉页中常出现的文字内容包括书名、著作者、出版社名等，有的也会印制一些更详细的书籍信息。此外，也有一种广义的扉页体

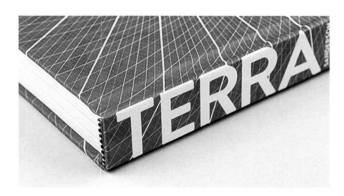

图3-4
Pentagram书籍设计

图3-5

系概念，通常由多个页面组成：护页、书名页、版权页、赠献页、目录页等。这种系列扉页一般不出现在普及读物中，而是常用于比较考究的书籍中，如学术专著、高档画册等。扉页能将读者对封面的注意力逐步转移至正文，起延续视觉和引入内容的作用，它是书籍装帧整体设计中值得注意的细节。

（4）内页。书籍的核心是正文内容，内页版式就是内容的表现形式，是读者在阅读时需要长时间停留的地方。内页排版是理性设计和感性设计的统一体，对文字和图片都需要进行科学化、人性化的处理。在开本的限制中，设计师要合理地确定出版面的布局，版心的大小、位置，天头、地脚、内文空白的面积，以及字体、字号、字距、行距，图片的大小、位置等。要遵循版式的和谐性、内容的可读性、图片的可视性原则，使读者的阅读过程尽可能轻松愉快。其功能性应放在首位，理性地排版内页和适当表达艺术也能为读者营造出良好的阅读氛围。

4. 书籍装帧重要原则

首先，是整体性，即设计理念先行，书籍各环节再相互配合。从构思、选材、设计到工艺都体现出书籍的整体感，从而达到书籍形式与书籍内容的统一、创意设计与书籍内涵的统一、审美价值与使用价值的统一，使读者能全方位、多角度地去阅读和感受书籍。

其次，实用性也非常重要。当书籍作为商品推出市场后，它就肩负着两个责任：一是读者需求；二是出版商的收益。书籍直接面对读者，它的基本功能是为阅读服务，因此就必须考虑到不同层次读者的需求，或者是特定某些读者群的需求。优秀的书籍设计可以为读者选购书籍提供向导，也可以对图书的销售起到有力的推动作用。

艺术性是书籍之所以能够被广为流传的重要因素之一。书籍的整体设计应该创造出独立的审美价值，在准确地把握书籍内涵的同时，非常有必要突出其视觉语言艺术。优秀的传统艺术传承至今，极大程度上是其独特的现实意义和艺术价值，书籍装帧艺术也是如此。

书籍装帧整体设计不仅需要考虑图书的实用和艺术效果，而且必须充分考虑其经济性。书籍从设计制作完成到进入市场都需要不少的资金投入，市场定位和成本投入决定着书籍的价格，而对书籍进行合理地设计可以调节图书的定价。读者愿意购买符合其心理和经济承受能力的书籍，投资者也可以从中获得利润。

5. 设计素描在书籍装帧里的应用

（1）留白。留白一词指书画艺术创作中为使整个作品画面、章法更为协调精美而有意留下相应的空白，留有想象的空间（图3-6）。

不论素描还是其他画种，只要是画画就需要留白。艺术大师往往都是留白的大师，方寸之地亦显天地之宽。南宋马远的《寒江独钓图》，只见一幅画中，一只小舟，一个渔翁在垂钓，整幅画中没有一丝水，而让人感到烟波浩渺，满幅皆水。予人以想象之余地，如此以无胜有的留白艺术，具有很高的审美价值，正所谓"此处无物胜有物"。

在书籍封面中均等的编排要素，每个要素周围都产生均等的留白。作品中的留白在给人协调和安定感的同时，也留下相对单调的印象。

a

b

c

图3-6
留白

（2）尺寸。在绘制素描时，我们一般都会选定画面中的主体物，画面中不论是尺寸、明暗层次、细节等都是突出主体物。

在书籍装帧中，为了使文字和图片在版面中显得有条理、有主次，可以试着将各个要素的大小、比例作调整。因为尺寸大的要素比较醒目，所以要把需要强调的文字和图片尺寸放大。

对要素的尺寸进行区分，差异越大对比效果越明显。给读者的印象也就越突出。若尺寸的对比微小，让读者一眼看不出差别，则几乎没有效果。另外，为大小有别的要素排版时，比起将差别小的同类要素放在一起，不如把差别大的贴近排列效果更加明显。

（3）运动感。设计素描中，通过经营物体位置或者线条的排列，可以让画面形成一种动态的感觉，让整个画面不显得过于稳定。

在书籍装帧设计中，最简单的方法就是使用具有动感的图片。这里说的并不是汽车、飞机、运动的人，而指的是动作进行中的状态。比如，人的脸和视线也具有方向性，可以用来营造动感。此外，若是把图片和文字等要素完全对齐，就会失去动感。因此，如果要营造动感，必须把版面的某部分的平衡"打破"。

（4）立体感。众所周知，素描是在二维空间的纸上画出具有三维空间的过程。通过精准的观察，科学逻辑的思考，在画面中表现物体两面甚至三面以上的表面。这样的画面会更有重量感，让受众感受到客观存在的实物且印象深刻。

通常印刷品，所有要素都在平面的二维世界里。如果让这些元素具有纵深的立体感，会使版面产生纵深感（图3-7）。

例如，在要素的侧面加上影子般的阴影效果，这个要素就有了浮在纸上的感觉。阴影的位置能显示光源的方向，阴影的模糊程度能表现要素浮起的高度。要注意的是，若为图片加入阴影，必须保证原图片中的影子方向和追加的影子方向一致。如果两者方向不同就会产生失调感。

还有让文字自身表现出立体感的方法。先考虑立体化后将变成什么样的形状，再决定光源的照射方向，做出明面和暗面部分。明暗变化的手法，可以使凸起的角度看起来光滑或者棱角分明。

另外，还能让文字表现出现实中不可能的、似乎从纸内一跃而出的立体感。像夹在报纸中或者路边发的传单广告中"OPEN""SALE"之类需要大胆强调、引人注意的文字，常常使用这种方法。使用时，字号尽量放大，再涂上鲜明亮眼的颜色，就能营造出三维的透视效果。

（5）反差。在素描练习中，最重要的就是处理好"明暗五调子"，当然，处理好这五个要素之间的关系，会让你的作品看起来很协调。但有时候，能够让一幅作品出彩的地方往往是对高光的处理。好的高光能提升物体的质感，在差异越大的明暗对比下高光越鲜明，能让特定要素更显眼，给读者更加强烈的印象。相反，差异越小则反差越弱，要素之间的对比越不明显。

为封面添加这种反差效果有各种手法。其中给人印象最强烈的是明暗反差。例如，图片就是明暗差越明显就越容易引人注意；文字也一样，越是明亮的背景、深色的文字越显眼。也可以利用要素的尺寸大小对比制造反差。在设计文字时，即便是同样的字形，粗笔画的字感觉强烈，细笔画的字则感觉柔弱，两者搭配使用就能营造出反差。适度添加反差，不仅能够吸引读者的目光，更重要的是能让读者轻松读完内容（图3-8）。

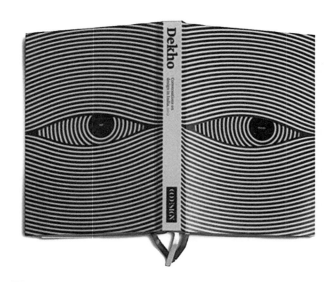

图3-7
立体感书籍装帧设计

图3-8
2014 D&AD创意奖书籍设计类获奖作品

图3-9
2014 D&AD创意奖书籍设计类获奖作品

（6）**明暗**。明暗关系有两个特点：第一，物体靠光源近，亮的更亮，暗的更暗，对比强烈；反之，光源越远，亮面越弱，暗面也越灰。第二，物体离画者越近，明暗对比越强，越远明暗对比越弱，这其实就是近实远虚。

最容易凸显视觉差异的是增加明暗反差的手法。这种手法不只局限于要素为黑白的情况，要素为彩色时也是如此。若要强调某些特定要素时，最好在强调的要素和其他要素之间添加明暗反差。颜色中最明亮的是白色，反之最昏暗的是黑色。也就是说，明暗差最大的是黑白两色的组合，他是能体现反差对比最强的组合。明暗差较小的组合让人难以辨别要素之间的差异，也无法强调任何要素。

即使同样都是黑白组合，白色部分过多或黑色部分过多都会改变强调的力度。另外，封面整体背景的明暗也给读者不同的印象（图3-9）。

基于以上考虑，为了增强反差效果，在实际制作的印刷品中常使用将背景涂成全白或全黑的手法。但是，不能只根据明暗反差来考虑颜色的选择，因为不同色彩给每个人的感觉都不同，会影响作品的整体感觉。因此，明暗差的使用固然重要，但过于随意地使用"白"或者"黑"，作品看起来会显得廉价、幼稚。

（7）**孤立**。在多物体素描构图时，将物体集中在一处会显得拥挤。这时，我们可以按照物体的高低、大小、重量等特点进行构图，如一两个又高又重的物体占据画面中线靠右位置，一些小而轻的物体堆放在画面中线靠左的位置，这样做解决了画面平衡的问题，有突出个别物体的表现。

通常的孤立方法，是把关联的要素配置在一个区域以建立条理性。这里假设要配置两张与文案相关联的图片。把想要强调的一张图片移到区域外使其呈孤立状态。另一张图片仍然在区域中被文案环绕，孤立的图片由于和区域分离，表明它含有其他的意义。若利用孤立方法强调要素，便代表它与其他要素内容不同，所以必须充分领会想要传达的内容，进而判断要素是否适合孤立化。

（8）**放射**。在设计素描中，合理布局背景图案（衬布纹理走向）能起到突出物体的效果。

若要在各种各样的要素中强调特定的项目，可以试着将该项目编排在版面中央，然后以此为中心，将其他要素做放射状的编排。若把代表版面结构的重要项目编排在中心，就能引导视线向中心聚集，即使视线时而转向周边，也会再次回到中心位置。视线多次移动到中心使得位于此处的项目被强调。并且，如果把中心项目与其他项目的颜色、大小做出有效变化，还能提高强调的程度。中心并不一定是版面的中心，设定在图像的中心等位置也没有问题。

另外，追加要素并使之得到强调也是集中视线的方法。将想强调的要素设定在中心位置，把其他要素都向这一点集中，就能引导视线朝中心移动，起到强调的效果。这种方法在漫画中叫作"集中线"，作用是把寻找中心点的视线流畅地引导到想要强调的项目上。在背景中加入同心圆状的图案也能得到同样的效果。

除了以上说的众多要点，书籍装帧整体设计中还有很多的细节，但无论是书籍的外部装帧还是内部排版，它们都有一个整体的功能——为阅读服务，所谓书籍装帧设计的意义也在于此。一个物体的视觉概念，是从多个角度观察之后得到的总印象。书籍设计经历了由原来简单的封面设计到整体策划的过程，其设计原则主要包括书籍的整体性、实用性、艺术性和经济性。在实际的操作中，设计者要充分理解书籍的基本元素，并使整体设计与细节设计环环相扣，精心策划才能建立起良好的设计理念和表现技能。设计师要充分地考虑书籍各元素的整体关系，分清主次，挖掘各部分的特点，顾全局、重细节。

二、广告招贴设计中的运用

1. 广告招贴

招贴是一种历史悠久、极具感染力的传播手段，它的制作方法灵活多样、印刷方式、画幅大小都可视实际需要变化，因而可以用比较充分的艺术手段表现广告主题。它的张贴方法、张贴地点的选择也比较灵活，既可造就成密集型的传播攻势，又可达到相当的传播速度。设计是一个有目的性的视觉创造计划。是一种有目的性的审美创造活动，是科学的、经济和艺术有机统一的创造性活动。了解视觉语言的成因与表现，有助于我们创造出更好的设计作品。

广告是一种视觉传达媒体，以视觉图形为主诠释信息意义，广告设计首先应具有传播信息和视觉刺激的特点。所谓"视觉刺激"是指吸引观众发生兴趣，并在短短的瞬间自然产生三个步骤——刺激、传达、印象的视觉心理过程。随着多媒体网络介入人们的生活，广告设计与图形造意和形式都在发生深刻的变

化，作为信息传达主体的人有着比过去更多的自由和选择的空间。"沟通"一词成为所有广告人和设计师难解的题，并且广告涉及的学科领域不断扩大，从市场营销、消费心理、社会学到美学，广告已成为极具交叉性的综合学科。但是广告也受信息技术和新经济的影响，其表现形式是从静态视觉平面走向多元的动态空间，信息传导从单一的播发变为"互动"性的交流形式。

招贴广告作为时代的一种媒体，处于纯粹艺术和应用艺术，文化和商业的交叉点上，在其长达一个世纪的发展历史中，被证明是一种极富弹性的媒体，可以适应不同的审美观和运用的变化。

（1）**招贴的魅力**。尽管广告传播手段向多元发展，尽管人们接受方式在不断变化，但作为传达广告信息的视觉形象仍是感召和激起观众兴奋的关键因素。以视觉图形——招贴画作为沟通手段的各种广告形式之一，是人们原本应用最早、最便捷的传媒形式。由于科学技术的突飞猛进，从而推进了广告的飞速发展，但招贴广告仍以其独特的形式、语言来保持自己不衰的地位。如今，中外设计家已把招贴的设计创作与研究作为对平面设计、表现形式、创意构思的探索手段，而国际上各种主题的招贴比赛、招贴画展也层出不穷。招贴以其特有的图形语言形式，促成了世界范围内的视觉交流，然而图形作为一种意义上的世界语，已逐步消除了文字带来的交流障碍。如今招贴作为平面设计的典型形式，在经历了百年兴衰的历程之后，已变得更加成熟和充满活力。

招贴，这一传统媒体能发展至今，并深受现代社会的普遍重视和广泛应用，原因是多方面的，归纳起来，有以下一些优势：

1）现代计算机与印刷技术的便捷，使设计师对招贴的设计制作能控制自如，并能充分展现设计师的创意才华和表现效果。

2）在多媒体广告泛出的混杂视觉空间中，招贴以"静态"的平面感，突显出"画"的视觉焦点，并可以在环境中保留一定的时间，而影视媒体的传达瞬间即逝。

3）招贴在制作成本的低廉优势，使客户和设计

师都乐意接受。

4）招贴反映了一个时代的历史岁月，具有文化艺术价值。它的发展始终与社会的政治、经济、文化等诸方面紧紧相连。在表达语言上可以调动全部的绘画艺术手段，如版画、国画、书法、油画、雕塑、摄影等，具有艺术的综合表现力。优秀的招贴具有历史的象征意义，成为收藏家们的至爱。

（2）招贴的图形创意。招贴是一种视觉传达媒体，视觉图形的创意是达成有效传达的关键，不同历史时期的招贴在这一点上是相同的。信息的正确传达，必须借助图形作为中介，图形的创意作用指使招贴具有视觉冲击力和沟通力。成功的招贴都能充分运用图形诠释主题，而不是靠文字。卡尔·碧波是近年来活跃于国际设计界的大师级人物，他的作品图形语言直接明了，一目了然，透着睿智的思维与感性的灵气，在他为"世界环境日"设计的招贴中也得到了充分的体现。向前奔跑的黑色人形，比喻人类的进步与发展的急促步伐，高举着火炬并不是红色，而是清纯的绿色，告诫人们要珍视生态环境，给地球和人类更多的"绿"色，十分巧妙地表达了世界环境日的主题思想。德国著名设计师赫尔格曾这样论述："好的招贴，应该靠图形语言说话而不是靠文字注解。"

招贴的图形构造语言是十分丰富的，但与自由宣泄情感和意念的纯绘画有着明确的不同，它有其特定的意义和内涵。图形的创意必须在功能的约定下进行，在特写的意识支配下对视觉形态元素进行组合再创造，在不断扩散的造型演义中，寻求最佳，最合适的信息诠释载体，以此来提高招贴在传达功效、艺术品位、人文情趣等方面的水平。图形创意要大胆，敢于突破陈规和公式化，可以超越某种意义下的逻辑性，让图形激起人们的视觉兴奋，引起阅读的兴趣，并给人带来生活的情趣，使传达过程变得轻松而有趣味。DietrichSchade德国设计师为保护自然生态创作了招贴。招贴运用图形语言，画面以水平对半分割，中心点以简洁的鱼形要素，构成两种不同的生态空间，上半部蓝色的背景，展示出美好清新的自然环境和鲜活的生命主体，下半部则呈现出一片黑沉沉的世界，表示遭受污染的险恶环境与生命将受到浩劫的

危机感。招贴运用借喻，揭示了严峻的生存环境问题，呼吁人类关注自身的生存空间，破坏自然必将自食其果。

设计离不开创意，卓越巧妙的创意直接促成了优秀设计作品的产生，因而，许多设计大师十分强调创意的重要性与价值。创意是一个痛苦而艰难的心智历程，要寻觅一个成功的创意，只有潜入水底，才能浮出水面，能不能进入创意的思维空间是最为重要的，这就是我们说的"潜入水底"，只有潜入才能发现生成创意的点子，经过选择、组合、升华成创意。图形对传达信息的重要意义是文字所不可替代的，它直觉、生动、趣味性强，并可超越国家与民族之间的语言障碍，成为无国界的文化交流符号。招贴设计中虽然还常用文字注解主题，以确保信息传达的准确到位，但图形的可视性和扩张力是吸引视线和阅读兴趣的首要因素，尽管传播已进入多媒体时代，但图形沟通仍然在人类的交流中占主导地位。

（3）招贴的表现形式多样化。招贴设计发展到今天，无论在表现形式，图形创意，制作手段上都有了很大的变化。虽然构成招贴的基本元素还仍是图形和文字，但面对现今社会诸多新因素，面对追求个性的新的人众以及繁杂多元的新媒体技术，招贴已改变了自身的传统表现形式，从插图、文字编排、构图、语言表达。充分运用新手段、新方法来达到崭新的效果，使招贴的平面静态特点在动态世界中得到新的发展空间。招贴表现形式的多样化概括起来有下面几个方面：

1）计算机和影像技术的发展，使招贴的写实与超写实表现水平空前提高，虚拟的现实与空间增强了视觉的感染力。

2）人们知识水平的普遍提高，使读图能力也在不断增强。招贴画在图形构成法则上不断吸收边缘文化和边缘科学来丰富自己的语言表现能力，同构图形、记号图形、矛盾图形被广泛应用，历史学、文学、哲学、心理学、沟通学理论深深影响着广告招贴的设计创作。

3）随着经济的全球化和国际信息交流的加速，文化形态的个性特征将越来越削弱，如何在发展中保

留和继承民族文化传统是21世纪每一位设计师的重要职责。当今许多设计师在这一方面敢于探索，勇于实践，取得了十分可喜的收获。在国际的招贴设计竞赛中，更是以民族文化精神和现代设计语言作为评审的重要规则与标准。东西方不同的文化背景和不同的民族意识，构筑了两大不同的文化体系。在实现设计现代化的过程中，在东西方的交流中，东方文化理应保持自己独具的特色。

2. 设计素描在广告招贴里的应用

（1）**节奏感**。设计素描中，画面物体集中，画面感则显得压抑承重；物体分散摆放，画面则显得懒散、轻松。平面设计可以比喻为音乐。特别是引人注目，令人难忘的平面设计，和十分流行的音乐或名曲等乐曲间有很多的相似之处，愉快的节奏，新颖的旋律，充满魅力的旋律等要素，都可以置换为平面设计的要素来考虑。

在平面设计中，为了表现出作品的节奏，把许多相同形状的要素以多种角度配置，仅此一点，就能营造出跳跃的节奏（图3-10）。

若要进一步表现出复杂的节奏感，就需要使用多种形状的要素，配置尖角形要素能表现出打击乐般的短节奏，若加入柔和的曲线，则可以营造出吹奏乐般长而柔美的节奏。

将同样的形状要素按同样的角度排列并不能制造节奏，实际配置要素的时候，大多数商品的图片或是文章都很难在角度上发生很大的变化，这时候若在背景追加花纹般的设计要素会起到很好的效果。

阅读有节奏的版面，就如同聆听节奏音乐一样，让人的精神高涨，特别是需要营造强烈的欢快气氛，记住表现节奏的方法和要点能起到很好的作用。

（2）**比例感**。所谓的比例就是指大小的对比。使人感觉宽阔的设计可以用比例大或者有比例感等词汇来形容，这里指单纯的平面设计大小比例，也就是利用视觉上的大小变化为表面添加趣味（图3-11）。

在平面设计里可以创造出现实中不可能出现的情景。比如比人类还大的幼鸟，处于极寒之地却面带微笑的美女，喷火的蛇等。任何世界都能够随心所欲的创造出来，反常的光景具有强烈的冲击力，可以得到

图3-10
"拯救森林"招贴

图3-11

吸引视线的效果。

制造冲击力的手法中，通过比例营造出的乐趣最具效果。即使利用同样的图像，若是尺寸不同或图像的修剪不同，图像在读者心中的印象也太不一样，改变物体大小给以人冲击和乐趣，是最容易理解的视觉心理和效果之一。

只改变一张图像中某部分的比例，也可以凸显出冲击力，这种情况下，最重要的是选择大家熟知的素材作为比例变化的对象。原因是，如果读者对变换前的原始素材不甚了解，就无法得知作品中的要素到底为何物，何谈理解变化后的乐趣，类似这个例子，动物或人类的面孔可以认为是变换后较容易辨别的素材。

（3）数量感。在设计素描中，我们常常会用到"点"，成百上千的点来组成一个空间。

说到能给人强烈印象的手法，数量感就是其中之一，比如在配置图片时，一张、两张会给人理所应当的感觉，但是如果增加到十张、二十张，甚至是一百张排列到一块，使得版面被图片给淹没了。

为了显现数量感，要将大量的完全相同或相似的图片排列在一起，要注意若大量配置完全不同的图像，则看上去只是单纯地把繁多的要素塞入版面，显得杂乱无章。另外，数量并不是越多越好，数量越多，每个数量的要素所占的面积就越小，使人难以辨认图像内容，特别是排版版面小的作品，配置时需要在大小对比下功夫。越大的版面，采取增加分量感的手法越有效果。

即使是种类不同的图像，只要根据某些编排，也能制造数量感。例如，将图片的尺寸统一并且等间隔排列也是一种方法，这时候，若将所有图像均匀排列，版面会失去动感，因此最好改变部分要素的角度或颜色，特别是具有特殊的意义或希望引人注目的图像适合作此番加工。

（4）**夸张变形**。夸张变形指的是特意改变物体的形状的表现方法。通过将要素的特征部分作夸张处理，而其余部分作简单的处理，就可以提高该要素的存在感。设计素描中就恰恰有这种夸张描绘的手法。

人的身体比例经常被夸张变形，标准的人体比例是6～7头身，时装模特就是8头身以上为美，但是插图或漫画的人物多是3～5头身的大头像，刻画人物时，把引人注目的面孔放大，是为了强调表情和个性，但是时装风格的要素重点是服饰，因此将表现个性的头像缩小比较恰当。将头部扩大的好处不仅仅是提高冲击力，还能强化从远处观看，或者在较小的要素里有存在感，吸引读者的视线，创造易于亲近的角色。

通过夸张变形的手法也能提高要素的信息性，例如一张女孩向前伸手的插图，采用通常的比例让人感觉没有什么信息，但如果把手的部分夸张大，就使版面增加NO，或者STOP等拒绝或者制止的信息。无论什么样的场合，不彻底的夸张变形反而会使版面的意义难以理解，因此，要大胆果断地对要素进行处理。

（5）**质地感**。在画素描时，把一个物体画得很黑就会给人一种坚硬的质感，相反则给人一种清脆的感觉。质地感是指物体表面的质感，在制作印刷品的平面设计的世界里，虽然不能在版面设计中实际粘贴大理石、金属、布匹、塑料、纸张等材料。但是可以用图片或电脑设计出与之相配的效果（图3-12）。

有质地感的颜色与通常的油墨不同，当中添加了微妙的层次变化，因此，若在平面设计中使用质地的效果能使人感觉出比通常的油墨色彩更高的质地感，从而使读者得到视觉上的享受。在文字等版面的局部使用更加质地的效果，可以让该部分更加明显，如果在标题、大标志等需要强调的部分使用就更加有效果。

但是要注意，使用质地感的背景覆盖整个版面时，由于质地感给人的印象非常强烈，因此，如果作为背景可能致使整体版面都被该质地效果所支配，会给人强烈的硬质冰冷感，如果使用日本纸质感的要素，则全体版面给人日本风格的印象，所选质地和版面的内容吻合时没有问题，但若有微妙的偏差，或完全不符合内容，读者会被质地所产生的印象强烈支配，阻碍重要内容的正确表达。

（6）**图案感**。在平面设计中添加图案花纹，可以使整体版面更加华丽，发挥图案的作用能让人带着愉快的心情阅读，为简单朴素的设计添加变化（图3-13）。

图3-12
学生陶崎峰作业

图3-13
学生彭晶晶作业

为整体平面设计调整平衡的方法，可以用衣服为例子来考虑，若身着素色衣服，几乎没有任何的华丽感，但比较容易统一风格，要是再使用低彩度的颜色，还能更加凸显统一感。相反，若全身穿着有花纹的服饰就很难协调，并且由于尽显艳丽而容易失去统一感，在平面设计中运用图案也一样，不要使用过多的图案，仅在重点部分作点缀使用即可。

图案有规则性，也有随机性，还有日式风格、欧洲风格等形形色色的种类，而且即使是同样的图案，

只要变换颜色搭配也能改变整体印象。虽然市面上有很多专门介绍图案的书，但最好经常参考服饰和海外的室内装饰杂志，在平时就养成积累有用的图案等素材的习惯。

为了恰当得体地将图案加入平面设计中，需要注意使用图案的颜色和其他要素的色相相搭配。另外，图案的花纹越大，存在感就越强。因此，在整体的感觉太过显眼时，最好将花纹缩小使用。

（7）拟态感。在设计素描进行创意描绘时，常常会"借"用到一个或多个物体的特点形成一个新的物体，这种物体都会给观看者一种熟悉的陌生"人"的感觉。

在设计上使用拟态不只限于模仿自然的事物，有时候善于模仿现有的产品和设计也很重要。比如，若尝试设计全新的洗手间标志，那么很可能达不到原有的效果，反而会适得其反。另外，模仿高级品牌的知名设计，也是显现高级感的方法。不过若按照原有照搬会侵害著作权，只是部分参考颜色的使用或文字的设计是特别常见的手段。

拟态也是使读者敞开心扉的要素，人在看到熟悉的事物时就会有亲近的感觉，却对未从谋面的事物抱有警戒心理，特别是对电脑这类最新的工业产品，由于容易让人下意识地感到难懂而产生抗拒心理，因此，为了吸引初学者常常使用拟态的手法。

三、商业插画设计中的运用

1. 商业插画的概述

（1）插画的概念和起源。插画的定义有很多种，早在20世纪就有了插画这个专业词汇，只是当时经常被大众理解为"插图"。西文统称为illustration，源自于拉丁文"illustmio"，现在在插画界被广泛应用的一款矢量软件Illustrator也取其意思，它的另一层含义是运用插画可以更好地帮助读者理解文字的概念和文章的意境。我们对插画最初的概念就是起源于过去杂志、书籍的插图。这种印象已经扎根在人们的脑海中了，每当我们开始谈论起插画，我们的第一反应就是"插图"这个词儿。插画艺术发展的历史非常悠

久，我们要研究商业插画的艺术风格及其应用媒介就必须要了解插画艺术的起源和概念。

（2）**商业插画的市场**。当插画遇上了市场经济，插画也就成就了商业插画。在市场经济中，现代商业插画是具有传统绘画的基本特征的，他的表现形式和绘制技巧很多都与传统绘画相似，唯一不同的是他的"寿命"短暂，但是很辉煌。正因为商业插画的更新换代的周期短这一特点，每幅商业插画只要完成了他的商业目的后就结束了其"艺术使命"。虽然生命比较短暂，但商业插画的影响范围广、传达信息准确而及时，这也是传统绘画所不能比拟的。

（3）**商业插画的分类**。国内外市场的商业插画可以分为印刷传播媒介、影视传播媒介、网络传播媒介、出版物插图、卡通吉祥物、影视与游戏美术设计和广告插画。

（4）**商业插画的现状**。现代商业插画的发展从总体上来讲，服务性质的插画在内容上得到了丰富和发展，插画的艺术表现手段和风格也产生了巨大的变化，插画在各个媒介中也得到了延伸。商业插画也渐渐地得到了大众和很多的媒介的重视并且实现其文化价值。

在现代设计领域中，插画设计已经从单一的印刷媒介延伸到影视、动漫、吉祥物、服饰、软装、建筑等新的媒介并且发展拥有非常广阔的发展前景。现代插画开始从传统的绘画技法与表现手段中渐渐过渡到数字时代，这种特征使我们感受到现在插画前所未有的感染力。伴随着现代插画的传播媒介不断地延伸，插画的载体也发生了巨大的变化。商业插画师是插画行业巨大变化的必然产物。

现代插画设计在欧美、日本、法国等其他国家也同时涉及了各个应用媒介，并且得到新的发展和艺术成果。尤其在网络和数码技术的领域中，不断地扩展了我们的视野，丰富了我们的视觉感受，更加开拓了我们的心智。商业插画对经济的发展起到了巨大的推动作用。商业插画的艺术风格随着不同的应用媒介的衍射其表现形式也相应地得到了发展和提高，商业插画的表现技巧结合各种媒介的应用也不断地丰富起来，使现代插画艺术得到前所未有的发展。

2. 商业插画表现形式

商业插画是运用图案表现的形象，本着审美与实用相统一的原则，尽量使线条、形态清晰明快，制作方便。

（1）**写实派**。运用各种单色画或彩色画如实地表现对象——实际存在的商品或商品的使用者。这类作品形象直观，见物见人，具体明白，信息性和可读性较强。为了追求更理想、更逼真的效果，有不少被称为"逼真画"的作品，敢与最精微的摄影作品相媲美（图3-14）。

（2）**幽默派**。以漫画、卡通画形式，或用漫画性的夸张变形手法表现主题，一般通称为漫画式表现手法。幽默的内容、喜剧性的情节，引人入胜（图3-15）。

图3-14

图3-15
ERIC外星怪
物角色设计

图3-16

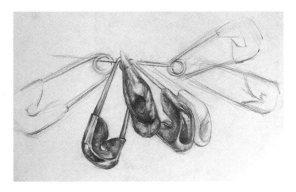

图3-17

图3-18

（3）**现代派**。运用印象派、点彩派、抽象派等表现技法，还有借助现代摄影技术或电脑绘画的风格特点，制造有益于商品推销的特殊气氛。表现奇异的视幻意境，描绘神奇的理想世界（图3-16）。

（4）**结构派**。这里说的结构派并不是指现代表现主义之类，只是用"结构派"一词进行归类，明确了此类商业插画的目的与表现特征，是以艺术化的形象再现对象（产品或人物）的构成。这类插画的好处在于视觉感官上的一目了然和具有很强的说服力，已越来越受到客户的欢迎（图3-17）。

3. 商业插画的艺术风格

（1）**矢量插画**。矢量插图是随着矢量绘图软件功能的不断强大与时尚艺术风格的有效结合而日益流行的插画艺术风格。很多商业插画可以直接结合素材库来辅助原创设计，使设计更加完美和精致。矢量插画逐渐成为年轻插画师的创作热点，也有很多的爱好者对其有着浓厚的兴趣和追求。矢量插画风格可以说是目前在插画行业比较时尚的、流行的艺术风格，多应用于女性时尚杂志、小说的内页。

矢量时尚风格插画更多是描绘中产阶级与城市白领休闲、工作、生活的场景，大多数体现小资情调，重点表现品质生活的方式。在颜色上更多采用的是纯色、明度较高的色系，在画面设计上更多的是夸大人物的五官和头身比例，配饰时尚，矢量时尚插画起到渲染文章意境、辅助文字表述和引起阅读兴趣的作用（图3-18）。

（2）**CG插画**。"CG"原为Computer Graphics的英文缩写。随着时间的推移，数码设计已经成为当今主流设计载体，国际通常称运用数码、计算机进行视觉设计为CG。CG插画主要为漫画、动画人物、游戏原创人物设计。CG插画深受喜欢动漫和游戏的年轻人士的喜爱，也随着网络的普及被广泛地传播和应用（图3-19）。

（3）**儿童插画**。儿童插画我们在行业简称儿插，儿插多应用于少儿读物和中小学教科书中，因此其风格是非常可爱、活泼、积极向上的。儿童插画也包含很多种艺术风格，例如，低幼类儿童插画、写实类儿童插画、卡通类儿童插画、装饰类儿童插画、涂鸦类

a

b

儿童插画等。不同的艺术风格应用的领域不尽相同。例如，卡通风格多为低幼类的，形象比较简洁、夸张、可爱，用色明快，充满童趣，这种手法很容易为低龄儿童接受。很多儿童插画不仅仅满足了孩子们需求，很多成年人也沉迷其中。许多卡通人物、卡通动画片、卡通游戏和漫画都为大众所喜爱。例如，猫和老鼠、蜡笔小新、变形金刚和中国的大耳朵图图。在这样的需求背景下，儿童插画的艺术风格有着非常广阔的发展空间（图3-20）。

（4）**写实风格**。写实风格的商业插画作品表现手法注重质感、光影效果的表现，1：1的细节刻画。这类艺术风格可以结合CG手法来完成插画艺术创作。写实风格的插画多应用于原画和人物、场景的设计领域中（图3-21）。

（5）**幻想风格**。幻想风格的插画多表现一些现实中并不存在的题材，例如神仙、怪兽、仙女、超级战士、变形机器人等，主要分为奇幻类和科幻类。幻想风格的商业插图设计师拥有自由地发挥空间，他们可以充分发挥想象力，甚至可以画出自己的梦想，天马行空的创作。幻想风格的商业插图不会局限于某一种风格，可以根据画面的需要创造出属于自己的艺术风格。这种插画风格被广泛应用于幻想游戏、游戏角色海报、幻想电影、动画艺术。幻想艺术风格为商业插画注入新的血液，开辟了一片更广阔的天空。幻想风格的插画创造了更多更新的插画风格，带来前所未有视觉冲击（图3-22）。

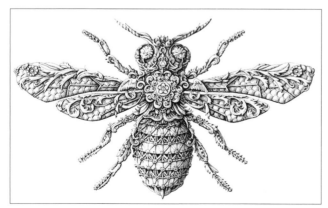

c

图3-19

图3-20

图3-21
ERIC外星
怪物角色
设计

图3-22

图3-23

（6）**唯美风格**。唯美风格的插画就是描绘唯美的、超脱现实艺术效果的插画作品。在唯美类风格的插画创作中"唯美至上主义"是创作的核心。唯美插画将废弃传统的审美、艺术观念，运用更离奇的、更虚幻的、夸张风格的艺术风格来表现主题。它是将我们想到的美丽的元素集合在一起并进行有序组合，通过华丽、梦幻、绚丽的场景布局来烘托艺术氛围的"唯美主义"，让作品展现出了一个在神话和梦想中的美丽和优雅，只有唯美类插图可以超越绘画艺术本身，给我们带来一种温婉、优雅、美丽的视觉盛宴（图3-23）。

4. 商业插画形象特征

画是世界都能通用的语言，其设计在商业应用上通常分为人物、动物、商品形象。

（1）**人物形象**。插图以人物为题材，容易与消费者相投合，因为人物形象最能表现出可爱感与亲切感，人物形象的想象性创造空间是非常大的。首先，塑造的比例是重点，生活中，成年人的头与身子的比例为1：7或1：7.5，儿童的比例为1：4左右，而卡通人常以1：2或1：1的大头形态出现，这样的比例可以充分利用头部面积来再现形象神态。人物的脸部表情是整体的焦点，因此，描绘眼睛非常重要。其次，运用夸张变形不会给人不自然、不舒服的感觉，反而能够使人发笑并且产生好感，整体形象更明朗，给人印象更深（图3-24）。

（2）**动物形象**。动物作为卡通形象的历史已很久远，在现实生活中，有不少动物成了人们的宠物，这些动物作为卡通形象更受到公众的欢迎。在创作动物形象时，必须十分重视创造性，注重形象的拟人化手法，比如，动物与人类的差别之一，就是不会显露笑容。但是卡通形象可以通过拟人化手法赋予动物具有如人类一样的笑容，使动物形象具有人情味。运用人们生活中所熟知的、喜爱的动物较容易被人们接受（图3-25）。

（3）**商品形象**。是动物拟人化在商品领域中的扩展，经过拟人化的商品给人以亲切感。个性化的造型，有耳目一新的感觉，从而加深人们对商品的直接印象。以商品拟人化的构思来说，大致分为两类：第一类为完全拟人化，即夸张商品，运用商品本身特征和造型结构做拟人化的表现；第二类为半拟人化，即在商品上另加上与商品无关的手、足、头等作为拟人化的特征元素。以上两种拟人化塑造手法，使商品富有人情味和个性化。通过动画形式，强调商品特征，其动作、言语与商品直接联系起来，宣传效果较为明显（图3-26）。

5. 设计素描在商业插画里的应用

（1）**写实描绘手法**。能逼真再现商品的形象、色彩、质感，让消费者直观的了解商品。写实的目的是为了让消费者看到商品的真实面貌，引起心理共鸣，激发购买欲望（图3-27）。

1）点画法：是用点作为造型手段，利用点的疏密、大小表现物象的明暗层次、结构、转折、光影变

图3-24

图3-25
央美大一新生的基础作业

图3-26

香味蜡烛　Geoff Weiser／美国

图3-27

化关系，结构的方向感和韵律感。卢西恩·弗洛伊德的《夜色里的男人》表现出柔和色调，精细刻画了脸上灰调，用井然有序的线条描绘头发、背景，给人精致、细腻、生动、优雅的感觉。

2）线画法：线条最基本的功能是限定图形轮廓，线条分解图形各部分。以表现其结构面、体和质地。文艺复兴大师丢勒，作品线条精细、严谨，层次丰富，把线的程度用到了极致。干湿结合法是大面积用湿画，刻画用干画法。平涂法是在写实的基础上提炼，使画面效果鲜明、单纯；力求用较少的颜色获得丰富的色彩效果。

3）勾线涂色法：把调好的颜色涂到用铅笔勾好的轮廓线上，待墨线干后把颜色平涂其中。

4）彩铅笔画法：能在短时间渲染出效果（图3-28）。

5）色粉笔画法：将素描和色彩融为一体的艺术形式。与其他绘画颜料相比，可以绘出强烈饱满的色彩，是具有表现力的作画方式。

6）彩墨水画法：颜料色彩鲜艳，应用于设计草图、书籍插画等。David S. Cohen彩色铅笔画，人物形象写实，线条流畅、自然、生动。对肌理和质感表现出色，构图巧妙，空间感强。

（2）**超写实主义手法**。用超写实手法表现的商业绘画作品，色彩丰富、质感逼真，具备真实的自然属性。它极其具象的方式，向受众传达十分准确的信息及特定环境下产生的效果，让人有身临其境感，受震撼（图3-29）。

1）丙烯画。大卫·霍克尼的《通向工作时的路》造型简洁、笔法多变、色彩清新，极具商业气息。

2）着蜡法。利用水彩和蜡不相融的

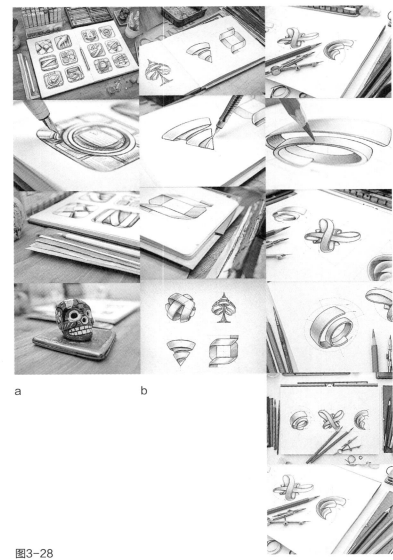

a   b

图3-28
手绘草稿设计   c

图3-29
统一"汤达人"方便面

特性，作画时先在着蜡处用蜡笔涂抹，再用水彩作画；形成闪烁光斑，自然生动。

3）撒沙法。表现粗糙的肌理效果，色彩与沙的交融，再加以干画法层层着色。

4）刷溅法。把颜色与水调和，浓度适中，刷溅地方加遮挡物，最后用笔尖弹点。

（3）夸张表现手法。夸张是对所描绘的物象整体或局部进行比例、表情动作、心理、色彩、方向性的主观处理，在不改变物象基本型的前提下，对物象最具特征的形态、动态、神态加以强调，使其更加丰富、更有情趣，以增加对受众的吸引力。夸张使所表达事物特征鲜明、突出，给人印象深刻。但夸张要有尺度，不要违背事物的真理性，设计中既要敢于大胆

夸张又要让人感觉合理，超写实的夸张是在原物基础上设计出全新的视觉形象，感染观众，激发人们的购买欲望，形成与消费者的沟通（图3-30）。

1）整体夸张。整体夸张处理，主要是把现实、幻觉、梦境等结合起来，舍弃无关紧要的细节，使形象性格和特征更突出。主要强调整体形象给人的直觉感受，哥伦比亚画家博特罗的作品就采用整体夸张手法，把人物画的胖胖的，静物也圆墩墩的。局部夸张。突出表现物象某些特征，引起观众注意，往往缩小或夸大一个局部成为视觉中心。从而创造出现实生活中不存在的一种"真实"景象。

2）透视夸张。在透视关系中，远近作为主要矛盾，给人带来很强的方向感。空间是造型艺术的重要

a

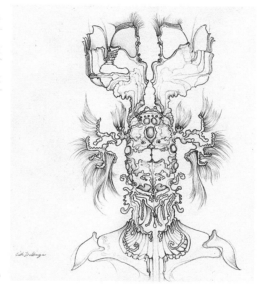

b

c

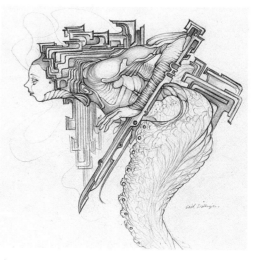

d

图3-30
ERIC外星怪物角色设计
素描手稿

构成要素，焦点透视是表现空间距离的方法，借助写实法表现空间。扩大透视是把正常的透视关系强化，近大远小的关系更强烈。反透视是打破正常的透视关系，造成"近小远大"的特点。

3）表情夸张。将人物面部表情夸大描绘，加大表情变化幅度。劳特累克的插画作品，把被牛追赶的人的表情大幅度夸张，很好地凸显了主题。

（4）**幽默表现手法**。具有有趣、可笑、意味深长的作品，他们以一种特殊的方式向人们传达信息或抒发个人情怀，这就是幽默手法。幽默题材主要抓住表现对象的突出特征和有趣情节，以夸张变形的形式表现出、创造出引人发笑的形象和幽默的矛盾冲突，达到在人意料之外，又在情理之中的艺术效果（图3-31）。

1）诙谐幽默。达利的代表作"时间的永恒"是运用超写实主义的绘画，时钟变成软面团，折叠悬挂在树枝上，给人一种诙谐的幽默感。

2）滑稽幽默。1916年诞生于瑞典达达派，是一种画者毫无目的的自娱自乐。不少画家对"蒙娜丽莎"进行了"恶搞"，使种种方式成为平面设计中一种很常见，也很有效的滑稽幽默的表现方法。

3）讽刺幽默。墨西哥女画家卡洛的"受伤的小鹿"是采用换位创作，画中主人公人头鹿身奔跑在森林中，身上中了很多箭，伤口正在流血。画家以灰色幽默形式表现出自己所受到的心灵伤害。

6. 设计素描对商业插画的影响

商业插画艺术更多的作为一种商业手段，所要求的无非就是如何更容易的吸引人眼球，直接传达

图3-31

消费需求以达到商家的商业目的。而对于普通消费者来说，一目了然的、形象的、逼真的作品更容易吸引他们。设计素描技法在商业插画设计应用中发挥着独特的作用。提供给人们独特的视觉、心理冲击。多种方式表现出不同的作品形象。满足了众多消费者的购买需求和购买欲望。表现出的情趣性、创造性、观赏性、艺术性都符合大众的审美习惯。

随着社会的不断进步和科技的不断发展，商业插画已成为相当重要的一种艺术形式，并且制作手法已经不像以前那样的单一，种类繁多让人目不暇接。伴随着数码时代的来临，数字商业插画比传统插画具有更加强烈的艺术表现形式以及超强的感染力。

第二节

环境艺术设计素描

著名环境艺术理论家多伯定义道：环境设计"作为一种艺术，它比建筑更巨大，比规划更广泛，比工程更富有感情。这是一种爱管闲事的艺术，无所不包的艺术，早已被传统所瞩目的艺术，环境艺术的实践与影响环境的能力，赋予环境视觉上秩序的能力，以及提高、装饰人存在领域的能力是紧密地联系在一起的。"

"环境艺术"作为一个学科专业范畴来讲，其综合性很强。其广义的概念几乎涵盖了自然或人工的所有地面环境和美化装饰设计领域。另一方面，环境艺术设计就其狭义概念讲是围绕建筑室内外的设计。环境艺术设计素描在环境艺术设计中讨论的是广义的概念，这与建筑设计素描讨论的建筑设计的狭义概念——建筑学，不同。

广义环境艺术设计主要就是指建筑室内外装饰设计和景观规划设计，相对建筑设计更为侧重感情、艺

术、文化的表达设计，在环境艺术的设计与创造中，设计师们总会有意地输入感情，体现人情味，把环境上升至意境，追求环境中的情，烘托文化特色、地域风格，或者体现设计者的个性。

（1）环境艺术设计素描的表现原理。建筑作为人类聚居环境的基础载体和第一环境产生了必然的关系，所以环境艺术设计素描表现的原理和建筑设计素描的表现原理有一定的内在统一性。

环境艺术设计素描的核心依然是对空间的理解与表现，只是在技术和功能的前提下更为侧重审美，懂得将文化艺术理论和环境更好地综合。精神层面的宗教信仰、生活习俗、社会文化的审美法则及原理对环境艺术设计素描的表现原理有着启示和指导意义。

1）建筑基础原理。建筑设计素描的表现原理在环境艺术设计素描中也是适用的，空间与尺度概念、几何形原理、秩序原理等在此被定义为建筑基础原理。以建筑原理为基础，并不是完全遵循建筑。例如，尺度原理在建筑设计中考虑更多的应该是建筑本身的体量和周围环境的关系，而环境艺术设计考虑更多的是和人自身有关的尺度，即人体工程学。

2）空间体验原理。空间体验原理强调场地空间感知和场所性，展现人们对环境的视觉与感情认知。环境空间精神表现的就是场所，场所的文化、情感、性格等体验。在国际化的今天，城市公共空间环境建设的规模前所未见，城市广场、商业街、公园绿地、街头绿地等铺展开来。然而，这些场所逐渐失去了本土文化的生机，公众认知度下降。千城一色的模式化设计导致了传统文化的流失，公共环境的可识别性下降。

3）意境思维原理。意境是艺术辩证法和美学中研究的重要问题。意境是主观的"意"与客观的"境"二者结合的一种艺术境界。这一艺术境界的内容极为丰富，"意"是情与理的统一；"境"是形与神的统一。在两个统一过程中，情理、形神相互渗透，相互制约，就形成了"意境"。松、竹、梅已经是中国艺术传统的意境表现题材，松、竹、梅在环境艺术设计中的应用也已经远远超出了环境本身：在植物配景中，竹子是高雅、纯洁、虚心的象征，超脱了艺术

设计中造型、色彩、空间等的艺术探讨。

（2）环境艺术设计素描的表现方式。

1）情感创意表现。环境艺术设计素描的情感创意表现方式最为体现人情味和生活化。不管是对生活的记录还是记忆的再现都可通过这一表现方式表达。情感创意环境与人的生理和心理时时刻刻都在进行着交流，并潜移默化地相互影响。20世纪后期，作为工业化与后现代主义完美碰撞的艺术逐渐成为一种时尚，演化成了一种居住与工作方式，可见环境艺术的情感创意魅力。LOFT设计是艺术家与设计师们利用废弃的工业厂房，从中分隔出工作、休息、娱乐各种空间。在宽敞的厂房里，他们构造各种生活方式，创作行为艺术，办作品展览，这些厂房后来变成了个性、前卫、受年轻人青睐的地方。

2）色调表现。色彩在环境中对人们的心理影响占据首要位置，人眼通过色彩获得的信息远远大于形体。环境艺术设计素描可以用色调表现加强色彩设计理论的培养。例如，蓝色调给人以理性、宁静、清新的感觉和强烈的色彩印象，在地中海风格中常用蓝色。同一色彩的退晕色调变化使色调在统一中富有变化韵律。在现代环境艺术设计中，白色派以其白色调的柔和深受人们喜爱，又被称作"减压派"。白色构成了白色派的基调，故名白色派，室内造型设计简洁明快，却富于多种意象的变化。

3）仿生表现。仿生可以算是环境艺术设计中最为具象的表达方式。仿生给人带来回归自然的视觉体验，是当今社会进入后工业时代的情感追寻，是在国际化环境设计乏味单调模式下，对自然力量的呼唤再生。从科学角度讲，仿生又是对生物进化的肯定，自然界的生物在亿万年的进化演变中形成了稳定的结构和环境适应功能，这对环境艺术设计来说也是一种设计理论的支撑，同时引导着新理论的发展与进步。

（3）环境艺术设计素描的表现特征。

1）主题性。环境艺术设计素描的创作应和实际方案设计一样，对空间形象要确定主题。室内设计有中国传统风格、和风样式、伊斯兰样式、现代主义、后现代主义、田园派等。景观设计虽然在我国起步较晚，但是自然主义、生态主义、极简主义等派别主题

均已形成。

2）实验性。实验要超越创意性，不仅要敢于想，更要敢于付诸行动，积极探索。在空间结构的建构可能性上和材料的表现力上实践性地开拓创新。2010年上海世博会中国馆的"感悟之泉"造景，随着水幕的变换，显示出"天人合一、取之有道、用之有节"等字样，依次落下，景观颇为神奇。这一用动态水景观作文字载体的方式颠覆了人们惯常的字体审美习惯。

3）材质性。任何材质本身都有其内在的属性和美感，在环境艺术设计中，材质表现不管作为载体还是手段，不同的材料质感与触觉会产生不同的艺术效果，环境设计师有时也正是通过对不同的材料组合来完成设计方案的艺术创造的。在环艺设计素描中，不仅要探寻这些材料特性，还要突出表现那些有趣味和独特魅力的材质特性，把材质特性作为设计素描图形创作的题材，可以运用经典创作手法表达新材料，或运用新手法演绎传统材料，目的在于给观者独特的全新艺术观感，表达环境品质。

一、室内环境的素描运用

1. 室内环境设计目标

室内环境设计目标的实现取决于物质和精神两个基本层面需求的实现，即一方面，要合理提高室内环境的物质水准，满足使用功能；另一方面，要提高室内空间的生理和心理环境质量，使人从精神上得到满足，以有限的物质条件创造尽可能多的精神价值。其中，精神层面包含设计的艺术性和个性特色两个要素。事实上，室内环境设计不能以孤立的单一功能或形式为唯一目标，它既不是单纯的生活科学，也不是单纯的生活艺术，而是二者统一，是以精神建设为体，以物质建设为用，共同提高人类的物质生活水平和精神生活价值。

室内环境设计与美学之间有着密不可分的关系。室内环境设计中的艺术美学就是研究室内环境设计中的审美学，即人们如何通过设计的作用在室内环境中认知美、感受美，也就是设计师用"美"来填补人和空间环境中所有理性与感性元素之间的沟壑。当人在

室内空间环境中感知到美时，设计才是成功的。

室内环境设计特点。相比于其他专业设计门类，室内环境设计有其自身的特点，比平面视觉传达设计中对于文字、色彩、图形的创意及编排这种表达纯感性理念的设计内容，更具理性、更具科学和技术的精神，也更具实践性。其实用功能装饰功能的完善，不仅需要有好的艺术设计方案，充满艺术风格的表现和艺术探索精神，还要对室内进行细致的分析、研究，更重要的是要综合考虑设计方案的可行性。原建筑结构的特点，设计风格的定位，基本设施的配套，材料及工艺的限制，经济性指标的要求等因素，每一项要求都可能制约着室内环境艺术设计方案的实施，影响限制着对设计方案优劣的评定。好的环境设计方案不只是看设计方案画面是否优美，更为重要的是看功能定位是否准确，有无鲜明的艺术个性，材料工艺是否满足工程实际需要，科学技术的含量，绿色环保的要求，投资理念的实施等。

2. 设计素描对室内环境设计应用

（1）空间提炼。效果图是实现设计设想的图形转化，它必须经过设计者一系列思维酝酿后提炼的空间物象。这应建立于成熟的空间认识和具备空间掌控能力的基础之上，但对素描基础薄弱、设计和学习意识不强烈的学生来说是相对困难的。运用临摹与实践结合的空间线稿处理训练，提前清晰梳理空间素描的表达（图3-32）。

（2）记录形态。设计素描在环境艺术设计中的应用主要体现在设计草图和概念效果图的绘制上。设计草图是一种快速记录的手段，能将存在的或想象中的建筑环境作正视图和剖面图式的概念展示。在我们将平面的形态通过立体构成的原理转换成立体的形态时，所依据的就是草图所记录的平面移动的轨迹。建筑的形态在草图中变成了各种平面形态与空间形态。在用设计素描表现对象时，建筑的形态、建筑与建筑之间的负空间、建筑与周围环境之间的延伸面积都幻化成韵律的、极具形式构成感的构成元素，任由设计者进行加工想象（图3-33）。

设计草图是潜藏在设计师意识中关于空间造型的最初造型，它来自于自然形态与空间的关系，是三

维空间在二维空间的表述，它涉及力动关系、切割关系、材料等，是从研究自然的表象到内在的空间再造的过程。其创造灵感来源于不同的感受，抽象的潜想、听觉、触觉、味觉、嗅觉的视觉化、自然物象对人的情绪影响等都能激发设计者的创造。

效果图是将设计草图以更艺术化的方式展现出来，效果图表现的是作者对原始设计构想的具体化和实景化。和设计草图相反，效果图是在二维空间里重塑三维空间的形象，效果图是设计草图的具体化，"自由"的构成形式在效果图中变成准确清晰的形象，它要反映出更加清晰的有关力学、材料、功能与技术性、安全性、实用性、审美性之间的协调。就画面效果看，设计效果图更像写实作品，以客观再现的形式描绘的空间形态，使其绘制本身就充满了艺术美感。

图3-32

二、室外环境的素描运用

著名环境艺术理论家多伯定义道：环境设计"作为一种艺术，它比建筑更巨大，比规划更广泛，比工程更富有感情。这是一种爱管闲事的艺术，无所不包的艺术，早已被传统所瞩目的艺术，环境艺术的实践与影响环境的能力，赋予环境视觉上秩序的能力，以及提高、装饰人存在领域的能力是紧密地联系在一起的。"

环境艺术设计素描在环境艺术设计中讨论的是广义的概念，与建筑设计素描讨论的建筑设计的狭义概念——建筑学，不同。环境艺术设计相对建筑设计更为侧重感情、艺术、文化的表达设计。

1. 室外环境的概述

（1）室外环境的含义。

1）是泛指由实体构件围合的室内空间之外的一切活动领地，如庭院，街道，广场等。

2）随着建筑空间观念的日益深化，科技的不断发展，室内室外空间的界限越来越模糊，出现了许多室内室外相互渗透的不定性空间，如中庭，露台，屋顶花园。

3）从构成的角度来说：室外环境空间是人与自然，人与社会直接接触并相互作用的空间，室外环境空间宽广，变化万千。

（2）室外环境的特点。

1）多样性室外环境由各种复杂元素所构成，元

a   b   图3-33

素有主有次相互作用。

2）多维性室外空间虽然也是人为限定的，但在界限上，它是连续绵延，起伏转折的连贯性空间，比室内空间更具广延性和无限性的特点。又如室外环境会有一年四季的变化，所以外部空间的多维性往往比室内丰富。

3）综合性环境艺术和其他的造型艺术一样，有着自身的组织结构，表现着一定的机理和质地，具有一定的形态，传达一定的感情，有自然和社会的属性，属于科学、哲学、艺术的综合。

（3）室外环境的发展趋势。

1）回归自然现代城市充满了人造的硬质景观，这种人造环境疏远了人与自然的距离。

2）回归历史注重珍惜历史文化，然而现代的社会文化并非历史文化的重演，它必定在新的结合点上达到新的综合、上升和发展。

3）高情感的逸乐取向现代化生活中高效率、快节奏、竞争激烈、交通拥挤就需要用一种趣味性，娱乐性的环境来调节。

（4）环境艺术设计素描的表现原理。建筑作为人类聚居环境的基础载体和第一环境产生了必然的关系，所以环境艺术设计素描表现的原理和建筑设计素描的表现原理有一定的内在统一性。环境艺术设计素描的核心依然是对空间的理解与表现，只是在技术和功能的前提下更为侧重审美，懂得将文化艺术理论和环境更好地综合。精神层面的宗教信仰、生活习俗、社会文化的审美法则及原理对环境艺术设计素描的表现原理有着启示和指导意义。

1）建筑基础原理。以建筑原理为基础，并不是完全遵循建筑。例如，尺度原理在建筑设计中考虑更多的应该是建筑本身的体量和周围环境的关系，而环境艺术设计考虑更多的是和人自身有关的尺度，即人体工程学。

2）空间体验原理。空间体验原理强调场地空间感知和场所性，展现人们对环境的视觉与感情认知。环境空间精神表现的就是场所，场所的文化、情感、性格等体验。

3）意境思维原理。意境是艺术辩证法和美学中研究的重要问题。松、竹、梅已经是中国艺术传统的意境表现题材，松、竹、梅在环境艺术设计中的应用也已经远远超出了环境本身。在植物配景中，竹子是高雅、纯洁、虚心的象征，超脱了艺术设计中造型、色彩、空间等的艺术探讨（以上三种原理在本节开篇已有叙述，请参阅）。

（5）环境艺术设计素描的表现方式。

1）情感创意表现。环境艺术设计素描的情感创意表现方式最为体现人情味和生活化。不管是对生活的记录还是记忆的再现都可通过这一表现方式表达。情感创意环境与人的生理和心理时时刻刻都在进行着交流，并潜移默化地相互影响（图3-34）。

2）色调表现。色彩在环境中对人们的心理影响占据首要位置，人眼通过色彩获得的信息远远大于形体。环境艺术设计素描可以用色调表现加强色彩设计理论的培养（图3-35）。

3）仿生表现。仿生可以算是环境艺术设计中最为具象的表达方式。仿生给人带来回归自然的视觉体验，是当今社会进入后工业时代的情感追寻，是在国

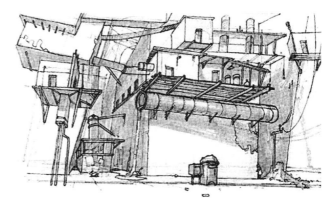

图3-34
高小耕设计

际化环境设计乏味单调模式下，对自然力量的呼唤再生（以上三种表现在本节开篇亦有叙述，请参阅）（图3-36）。

2. 环境艺术设计素描的表现特征

（1）主题性。

（2）实验性。

（3）材质特性（以上三种特性亦请参阅前文）。

3. 设计素描在室外环境设计中的应用

设计素描总的目的是服务于设计，但是艺术设计各专业有着自身的学科特点和研究方向。所以将设计素描结合专业方向，更有针对性地定义或实践是有意义的。室外艺术设计素描的实践应用于以下两个方面：

（1）**空间感培养**。环境艺术设计素描在空间感培养方面的应用不同于建筑设计素描，建筑空间上升到思维的角度说明了它的逻辑科学性，而环境艺术设计素描的空间相对来说更为侧重感性和趣味性。环境艺术设计素描要引导的是学生对建筑空间、景观空间的综合观察和体验，学会辩证统一的思考方法和空间意识综合空间感最直接的表现就是设计方案的平面、立面、剖面、效果图、鸟瞰图之间的转换。

（2）**徒手表达**。室外设计最初的模型是在设计者的脑海之中，在最短的时间内只有通过绘画才能对需要室内设计的人员进行讲解，而扎实的素描功底是沟通的重要保障。

高素质的设计师总是能自由随意地捕捉设计思路，并迅速徒手表达，这一基本素质离不开前期设计素描的训练积累。初学阶段容易眼高手低，透视原理虽烂熟于心，可是用手表达空间时往往无法得心应手。环境艺术设计是实践性较强的学科，动手绘图能力和设计思维的培养应该同步进行。所谓量变引起质变的哲学原理，对环境艺术设计素描训练的熟能生巧有重大指导意义（图3-37）。

4. 设计素描在建筑设计中的应用

建筑设计（Architectural Design），从广义讲是指设计建筑物所要做的全部工作。这些工作涉及建筑学、结构学、给排水、供暖、供电、燃气、消防、建筑声学、建筑光学、建筑热工学、自动化控制管理等

a

b

图3-35

图3-36

方面的知识，需要各种科学技术人员的协调工作。建筑设计狭义的理解是指"建筑学"的工作范围。其所要解决的问题是建筑物内部使用功能和空间的科学安排，建筑物本身与周围环境的和谐，内部和外表的艺术效果，各个细部的构造方式，建筑与结构、建筑与各种设备等相关技术的综合协调。其最终目的是使

a

b

图3-37

建筑物做到实用、坚固、美观，即公元前1世纪，古罗马建筑师维特鲁威在其论著《建筑十书》中提出的"实用、坚固、美观"作为建筑的三要素。其中美观指建筑形象的艺术观感，包括建筑的空间结构、表皮肌理、形态特征等艺术范畴的设计表达。而建筑设计素描作为培养基础能力和审美的一种方式对理解空间、思维开拓、整体把握起到了极为重要的作用。

建筑设计素描的表现原理及方式。建筑设计素描的表现原理在设计素描各专业应用中最为全面综合。在图纸上作图是一种平面形态，具有二维的空间属性；建筑设计是对建筑空间结构、平面立面的统筹设计，而平面立面也具有二维的空间属性。所以建筑设计素描原理可以借鉴平面设计素描的多种原理，关注平面自身形态的关系，探索平面形态的方法、特征和按照美的形式法则构成符合项目的平面形态。

建筑设计素描的表现原理更为侧重的是三维的空间形态，对空间的理解才是建筑设计素描所要培养的主要目的。所以建筑设计素描的表现原理又有着自身的特点。

1）空间思维原理。空间在此应该从形态上升为思维，用空间思维去理解建筑，理解建筑设计素描，就像数学家用逻辑思维思考数字运算数字一样。实空间、虚空间、灰空间等名词都是空间思维的定义。空间在建筑设计素描中是一个相对的概念，是对具体事物的分解、抽象和认识。设计素描的基本造型要素（点、线、面、结构、形态）在建筑设计素描中的理解与表达则偏重于空间，要用空间思维去延伸其定义。

2）基本几何图形原理。现代建筑常常被我们说成方盒子，这一方盒子极其形象地概括了建筑的基本几何特征。为了便于我们对形体的理解，在建筑设计中，我们把形体归纳为多种基本的几何形状，如方形、圆形、三角形、立方体、球体等。建筑设计素描同样可以用基本几何形体去培养我们对事物的理解。

3）不规则形式变化原理。不规则变化是最自由的变化方式，不规则的形式给人以艺术抽象的观感，是现代主义和后现代主义的常见表现形式。规则形式暗含一种内在统一的规律，而不规则的形式是一种纯粹的形式，内在的规律随着观者的感受可以产生多种可能。对形体的削减、增加、切割、扭转、组合、替换及不同量度的随意变化是不规则形式变化的常用方法。

4）空间秩序原理。"秩序"不仅仅是已建成建筑的形态组织，而且更是未来人类空间憧憬及组合的创造力，这一点可以使建筑设计素描表达产生无限的可能，创造更多的空间秩序。事物的组织总是暗含着轴线、对称、等级、韵律、基准等秩序，建筑设计素描可以帮助我们训练发现这种秩序的敏感性。

5. 建筑设计素描的表现方式

（1）空间创意表现。

1）具象形式创意。自然主义、塑性建筑等体现了具象形式在建筑设计中的应用。西班牙建筑师高迪便是塑性建筑的杰出大师，他的代表作米拉公寓，里里外外都显得非常怪异，屋顶高低错落，墙面凹凸不平，到处可见蜿蜒起伏的曲线，整座大楼宛如波涛汹涌的海面，富于动感，塔楼似乎具有人的表情。

2）抽象形式创意。抽象是以直觉和想象力作为创作的出发点，排斥任何具有象征性、说明性、文学性的表现手法，仅仅将造型和色彩综合组织在画面上。因此，抽象呈现出来的是纯粹的形色，有类似于音乐之处。盖里的建筑执着于铁丝网、波形板、粗糙金属板等廉价材料在建筑上的运用，采取拼贴、混杂、并置、错位、模糊边界去中心化、非等级化、无向度性等各种手段，挑战人们既定的建筑价值观和被捆缚的想象力。这些方法在建筑设计素描中运用，将对今后建筑设计能力的培养打下深厚基础。

（2）**表皮肌理表现**。表皮肌理原理简单讲就是对建筑材料的运用，贝聿铭善用钢材、玻璃、石材；安藤忠雄善用清水混凝土；赫尔佐格被称为表皮大师，经常赋予建筑奇特的外表。美国抽象表现主义画家杰克逊·波洛克的画面不拘一格地使用各种非绘画材料，如钉子、纽扣、硬币等都可以被嵌入画面，和各种油漆涂料一起组成复杂的肌理效果，各种质感的物体互相对比，形成丰富而又统一的画面结构。在建筑设计素描训练中，我们可以依此原理进行绘画材料的变化选择，丰富画面效果。例如，用真实的棉线或钢丝表现画面中的线；用沙子直接表现物体的粗糙感；利用各种工具的特性表达不同的效果。

建筑的结构体积可以借用光影来强化，如美国国家美术馆东馆入口阴影浓重，体量感强，建筑本身就像一座雕塑。柯布西耶设计的哈佛大学卡朋特视觉艺术中心利用斜角墙面的光影变化使建筑产生轻快的节奏。在建筑设计素描中，光影运用往往会使画面空间透彻，空气流动，主体形象体积感强烈。光影还可以调整空间秩序，塑造空间场景，表现空间尺度等多种功能。

6. 建筑设计素描的表现特征

（1）**空间性**。建筑设计的本质在于空间设计，是思考问题的主体角度。空间将建筑从实体概念转化为抽象的认识与思维概念，从而使建筑构造得到概括，更易于人们的理解。如日本建筑师安藤忠雄的作品——京都府立陶板画庭，在实体功能有限的情况下，通过空间思维的创新，将建筑中庭的交通形式进行了旋转空间的各种变化。有些学者将此定义为"空间操作"，将抽象思维与具体问题结合起来，展开了一种从设计操作角度进行的建筑空间研究，所以空间

设计在建筑设计中的价值地位极具核心。

（2）**尺度性**。建筑是要付诸实施建设的，从科学的角度讲建筑尺度要适合人的生产、活动、休息等行为。在设计素描中，通过空间透视原理和相对性原理重点培养设计师对空间尺度和体量的把握。通常我们以人的尺度为尺度标准，相对的去定义空间场所的尺度。从各设计专业特点来看，对尺度性的把握能力在平面设计、服饰设计、产品设计、环境设计、建筑设计中逐渐增强。在建筑设计中对建筑自身体量与周围环境尺度的推敲，建筑自身门窗、配件等尺寸的推敲贯穿整个设计过程。

（3）**整体性**。设计总是随着社会的信息、技术而动态变化的，设计观念的更新，环境的发展，原有的目标要被修正，新目标又诞生。在建筑设计领域整体性的观念在于运用其整体协调和动态发展的观念，将建筑设计建构成一个适宜环境的、可调节修正的观念体系。整体性是诸多设计学科都要重视的一个特征，对设计对象的完善不单单是一幅素描画的效果，我们还要考虑经济、技术、文化等实际问题。整体性只是对设计师的一种指引，使其明白问题总是可能存在的，所以要使设计对象在现有的条件下尽可能达到完美。

7. 设计素描在建筑设计中的应用

（1）**空间思维的培养**。空间思维应该是每一个建筑设计师最基本的能力，建筑设计素描不管对于基础知识的积累，还是今后的设计创作都发挥着重要的作用。对于没有美术功底的人来说，更是走上建筑专业道路的必修课程。建筑设计素描的学习训练不同于后期的建筑模型制作，它是在二维的平面上组织表达空间的能力训练。

（2）**素材的积累**。素材的积累也是思维的痕迹，做设计的精髓要义在于思维的创新、扩散。素材的积累是记录、反馈思维过程的良好方法，是造型艺术训练的一种重要方式，是建筑设计的基础，也是思考生活细节、启发设计灵感的重要手段。设计素描应用在素材积累时，是在短时间内用明确的线条迅速地画出对象空间、结构、形态的一种绘画形式。

（3）**设计的表达**。设计表达的最重要的两个阶段应

该是设计思路的表达和设计成果的表达，即设计的前期阶段和后期阶段。前期设计思路的表达主要用于沟通，不管是与自己还是与别人，设计素描都是一种快速而富有启发性的沟通方式。通过建筑设计素描的各种表现原理和方式，迅速捕捉别人的思路和展示自己的建议，思路在画面上的呈现将使沟通更为直观易懂。

后期设计成果的表达，应该是一种辅助性的说明，但是设计素描是一种绘画性的艺术表达，从而能够使设计方案更为丰富出彩。电脑作图泛滥的今天，其弊端也日益凸显，设计素描的绘画性艺术便是对其弊端的弥补（图3-38）。

建筑平面和立面的设计思路推敲得出最终效果。其实设计就是一种状态或者思维过程，过程是变化的，所以推敲便是依据不同的因素得出不同的结果。借助建筑大师的作品，对自己的设计思维与设计表达进行启发与培养。作品展示阶段，绘画性的表现增强了设计作品的感染力，和电脑作图的严谨性表现综合在一起，使设计作品得到全面展示（图3-39）。

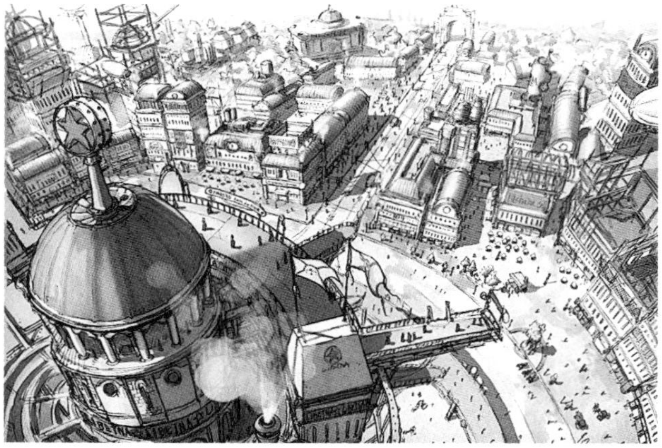

a

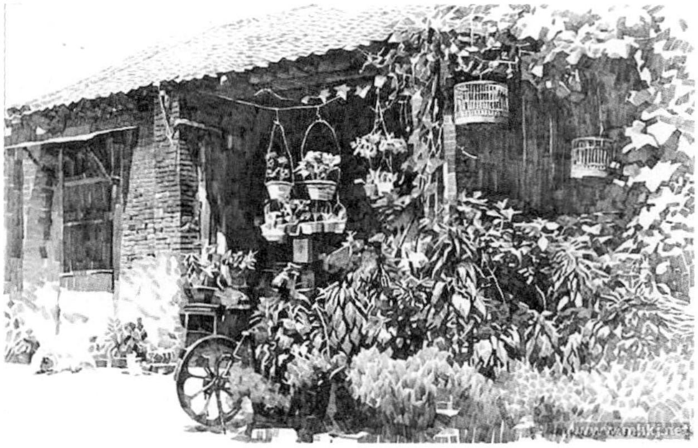

b

图3-38

高小耕设计

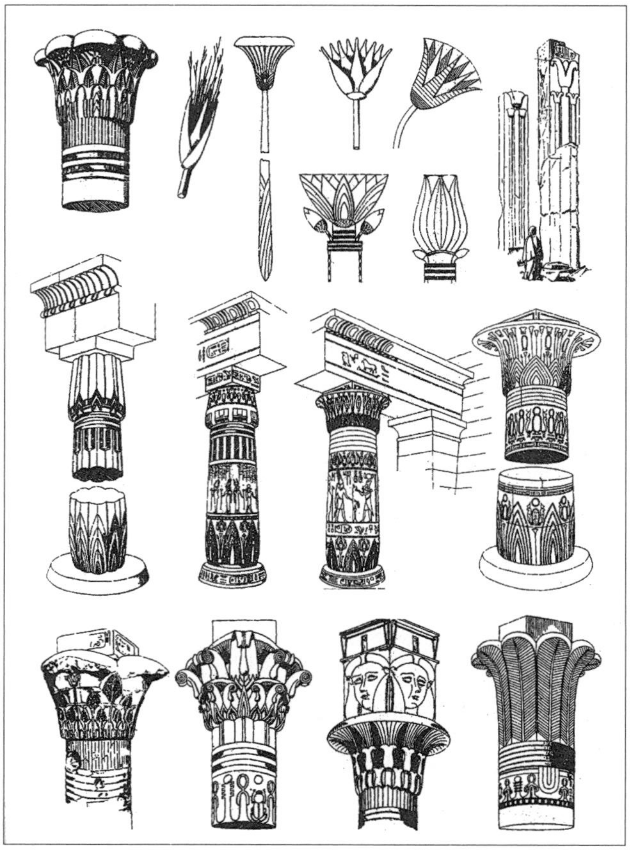

a

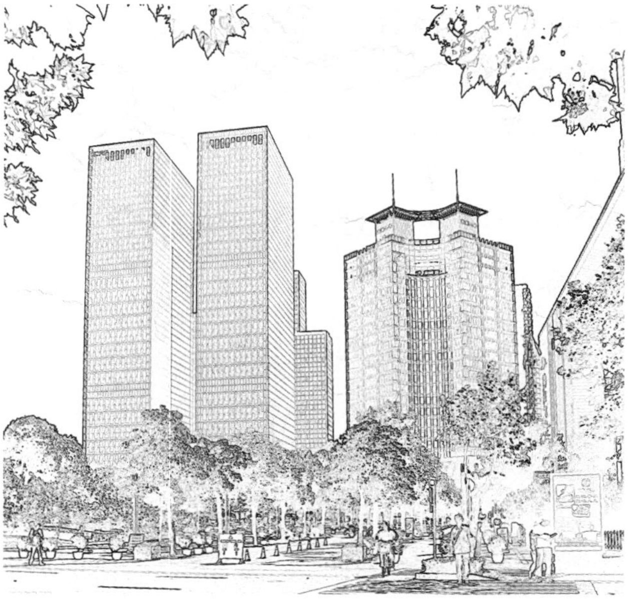

b

图3-39

古埃及的柱子

第三节

其他设计与设计素描

一、产品造型设计中的运用

产品设计是对工业产品进行预想的开发、生产和使用的设计。是实现人—产品—环境的协调方式之一，它对工业产品的形态、色彩、材料、结构等各方面进行设计处理，使产品既具有使用功能，也能满足人们审美的精神需要。

随着社会科学的日益进步和经济水平的飞速发展，产品设计在生活中也发挥着史无前例的作用。人们已逐步从基本的物质需求转向高层次的精神需求，正因为如此，在设计过程中我们要兼具发现美、认识美和创造美的能力。

产品设计自它的原始起源直到现在，已经经历了漫长的历程，其间形成了自己的一套规划和实现方式，通俗来讲就是设计程序、步骤。例如，从市场调查到同类产品的分析，再到设计产品的构思、草图和最终方案。各个阶段，我们需要不同的方法与手段，虽然每一步都有自身的特点，但它们依然有共性，那就是在这期间，我们绝不可能脱离一种手法——设计素描。可以说，设计素描在整个产品设计活动中发挥着不可估量的作用。

1. 产品设计应用的基本原则

产品设计应遵循独创性、合理性、经济性、审美性的原则。

创新是产品设计的灵魂。创新设计为产品带来新的生命力，是使产品价值产生质的飞跃的决定性因素，是使产品取得竞争优势的重要因素，也是为人类创造更舒适、更合理、更优美的生存环境的必要因素。合理指合乎客观规律、时代观念、社会准则及人类的理想。

经济性指设计应获得最大的社会效益与经济效益。人们需要在美的环境里生活和劳动，优美的产品形态、色彩、肌理、气质等可使人赏心悦目、心情舒畅。当然，产品设计的艺术性原则不全指艺术之美，它是对其用途、形态整体的合理规划。

在产品造型设计中，设计素描的应用体现在对产品的设计草图和效果图的表现上。它要求以可视的几何线框架来构建产品，把"看不见"的线、面、体表现出来，运用透视学原理画出空间形体和比例，清晰点、线、面相交的截面关系及其构造规律，同时，结合理性的分析方法来认识和表现产品。

产品设计受到产品的功能性和人体工程学原理以及材料、技术等因素的制约，在设计之初，设计师要进行综合考虑。产品的设计草图既要体现出明确性，即表现对象的结构关系、功能实现、运作方式等，要清晰和全面地展现设计对象，又要考虑到可行性，即考虑不同材料、工艺所带来的不同视觉效果。草图的重点是陈述概念和设计构思，效果图则将概念具体化并作为最终形象的参考，如此，在绘制草图和效果图时，除了要体现产品立体的艺术造型和美感之外，清晰、明确的表达出产品的性能和功用是草图和效果图绘制的首要任务。

（1）**设计素描能够提高产品设计中的造型能力**。设计素描是一门实践学科，设计素描能够提高设计者的描绘能力、分析能力和塑造能力，能够培养设计者的眼（观察）、心（理解）、手（表现）的协调能力，通过对设计素描的学习，能够使设计者的视觉思维能力得到锻炼和提高，从而为产品的设计打下坚实的基础。

工业产品表现的常用视角一般来说，我们选择透视角度，对于产品而言，完全是根据人自身的情况来进行判断，是根据我们自身正常情况下见到产品的角度来确定的。以选择产品的面较多的状态为好，由于我们在正常的观察情况下，最多只能看到物体的三个面，我们表现产品在选择透视角度时，最适合选择二点透视中的俯视角度，即物体处在视平线的左下、前下或右下方，但是根据产品的体量大小及使用关系，其产品的透视也可采用二点透视的其他角度（图3-40）。

体量大的产品，其角度的选择是产品的上面距视平线较近，有些甚至高于视平线，这时一般可见到产品的两个面，这种情况下产品的透视变化较大。体量小的产品，其角度的选择是产品的上面距视平线较远，一般可见到三个面，这类产品的透视变化较小。特殊情况下的产品，其角度的选择像空中悬吊式或壁挂式，一般采用仰视角度，可见到产品下部、前面和侧面。

根据产品的大小与透视角度和变化之间的关系，我们可以认为透视变形大则表现的产品也大，相反则小。尽管有时表现的物体占的尺寸面积较大，但是其透视变化平缓，我们仍然会认为它是一件小的物体；而画面上虽然占有尺寸面积较小，但是我们仍然会认为它是一件较大的物体，这是因为它有较大的透视变化的原因。

根据以上的道理，我们在表现不同大小的物体时，一定要选择好恰当的透视角度和画面上的关系。像一只打火机、一台洗衣机以及一辆面包车，有着不同的透视关系，我们一定要按照人观察这些产品时的透视变化和经验合理地去表现，这样我们才能把握产品的透视角度和产品的体量感，如果在表现中改变了不同大小的体量感，我们会认为这是特殊需要时的表现形式。

（2）设计素描能够增强产品设计的创新性。创新是产品设计领域的核心内容，而设计素描中强调的就是设计创新，设计素描的学习能够更好地服务于今天的产品设计。

设计素描的特点之一是创造性，它不以形式本身为最终目的，旨在探索客观世界的过程中去发现、寻找存在于客观事物中的审美特质，创造出新颖而别致的视觉形式，重新构建人性化的设计理念。

产品设计强调系统与全面的创新。产品设计认为产品、环境等必须全面考虑技术、艺术、人文、经济、生态等，它强调以人的需要和人与环境的融洽协调为中心，历史地、全面地、系统地进行设计与创造。在科学性、人文性与艺术性的交会点上，在现代

与未来的关联点上做出自己特色的创造。设计意味着创新，创新是社会发展的必然，也是产品设计的一种创造性思维活动，是产品设计的生命。创新能力不是生来就有的，它是通过设计者的实践活动，经验的积累以及客观世界的物质条件演变来的。而有效提升创新能力的途径就是设计素描。设计素描的学习实践过程正是设计者认识、了解、再现、创造的过程。因此，结构设计素描对我们创造性思维的启发，对产品设计是大有裨益的（图3-41）。

（3）设计素描能够增强产品设计的空间感。设计

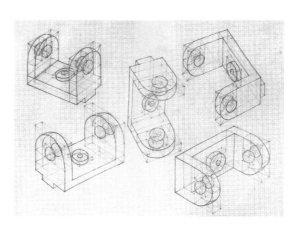

图3-40

图3-41

图3-42

素描能够训练设计者用立体的思维去看待和理解设计对象。如画一个产品时，首先要对该产品进行全方位观察，甚至把它拆开来研究，这样就会对该产品有一个立体的空间概念。总之，设计素描能够增强设计者对产品空间复杂形式的认识和表现（图3-42）。

（4）设计素描能够提高产品设计的"人性化"。产品设计是为人类的使用进行的设计，设计的产品是为人而存在，为人所服务的。因此，产品设计要以"人"为本。而设计素描能够使得设计的产品具有个性化，更能满足人类生理和心理需求（图3-43）。

（5）设计素描能够提高产品设计的艺术性。设计素描和产品设计的形态构成要素相同，都要求对点、线、面、体进行有机组合，创造出具有美感的作品。

表现技法和表达技法是产品设计程序必不可少的组成部分。产品设计表达技法用表现图的语言来表达

自己的创意与想法，但是这种技法不是纯绘画，与纯绘画有着一定的区别与联系。工业产品设计预想图所表现的是从无到有、从想法到具体、从外形到整个系统，是一个非常复杂的创造性思维活动过程。

在造型形式的表现中，必须遵循产品形态的美学规律：统一与变化、对比与调和、均齐与平衡、节奏与韵律、比例与尺度等。统一与变化是辩证的，是对造型形式规律辩证应用的结果。要达到这一点，就必须充分运用立体造型要素（点、线、面、体、色、质、空间、环境等）进行统筹安排，综合平衡，力求使造型形态在统一中有变化，在变化中有统一，使之产生完美的艺术效果。结构设计素描为我们提供了对形式美法则的训练平台，是向产品设计的自然过渡（图3-44）。

今天的设计，需要更高的艺术性，更注重美学的指导作用。因此，好的产品更需要通过其美观的外在形式使人得到美的享受。而设计素描的训练目的就是为了培养设计者对美的感受和认识，只有设计者自身对美的认识获得提高，才能保证设计的产品具有更高的艺术性。

设计素描在产品设计中的作用是无可替代的，在提升设计师综合艺术素质的同时，它培养了我们敏锐的视觉观察和视觉信息接受能力。透过事物的表面探索整体观之下的事物的特征，锻炼了我们分析、理解和判断事物的形象与抽象思维能力，最后，设计素描对于增强产品设计工作中的想象力和创造力，养成不断对未知领域自觉探索与研究的创作精神，掌握多样

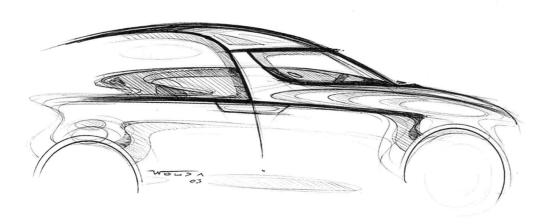

图3-43

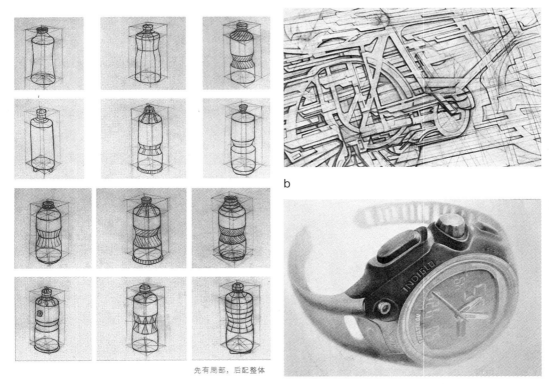

先有局部，后配整体

a

b

c

图3-44
央美大一新生的基础
作业

传递视觉信息的表现方式及手段，并熟练地运用他们贴切、充分、巧妙的表达设计者的设计意图也发挥着不可估量的作用。

2. 设计素描中立体形态在动态下的表现

所谓立体形态在运动状态下的表现，是指一个物体在运动过程中的变化，我们将其变化按阶段把它们记录下来，以使该物体各个角度及轮廓、各个部分的结构和变化都能够反映在同一个画面上，这种物体的运动是沿着一定的运动导线进行变化的；再有一种就是一个物体在运动过程中，其自身的零部件散开落下，形成零部件分散的组合状态，这些物体运动下的表现，目的是为了使表现者能够清楚地理解物体的造型和结构关系，能够自如地表现它们各个角度的变化及分散和组合的关系，达到对设计素描的透视及结构概念的彻底认识，为主观形态的表现打下坚实的基础。如：

（1）**物体作抛物式整体运动的表现**。物体作抛物式的表现，可以较清楚地反映物体的各个角度和变化：在表现时，首先将物体的起点和落点安排在画面上，使它们的造型外的辅助线框符合一定的角度的透视要求，然后在起落之间的抛物线中间，按照起落两

个线框的关系，找出中间过渡线框造型，然后根据需要再增加它们之间的过渡造型，将所有辅助框表现好后，在各自的线框内画出物体造型，便形成了物体抛物式的画面表现形式（图3-45）。

（2）**物体作抛物式分散运动的表现**。首先确定物体分散的路线，假定是下落式分散表现，那么就要把物体及零部件的下落路线明确下来，然后将物体起始的空间造型状态和下落结束后的造型状态表现好，然后分阶段将下落的过程，逐一地表现出来，形成分散

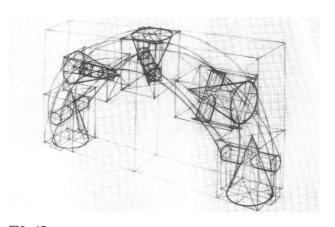

图3-45
物体作整体式运动表现

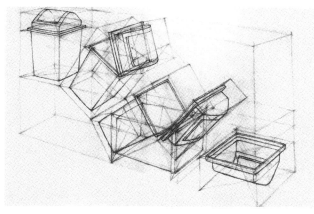

图3-46
物体作分散式运动表现

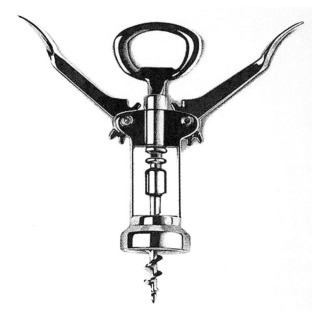

图3-47

图3-48
REGIUS写实素描作品

式的物体表现形式（图3-46）。

产品设计受到产品的功能性和人体工程学原理以及材料、技术等因素的制约，在设计之初，设计师要进行综合考虑。产品的设计草图既要体现出明确性，即表现对象的结构关系、功能实现、运作方式等，要清晰和全面地展现设计对象，又要考虑到可行性，即考虑不同材料、工艺所带来的不同视觉效果。草图的重点是陈述概念和设计构思，效果图则将概念具体化并作为最终形象的参考，如此，在绘制草图和效果图时，除了要体现产品立体的艺术造型和美感之外，清晰、明确的表达出产品的性能和功用是草图和效果图绘制的首要任务。

3. 设计素描中特殊形态的表现

特殊形态指仿生形态、自然形态和抽象形态等。

仿生形态是指在产品设计领域仿照自然界的生命形态、形式和结构等设计成的产品形态。有些仿生的产品形态借鉴生命形态的成分比较多，有些只是部分的借鉴了生命形态的某些特征和线形。借鉴生命形态较多的产品设计，在整个产品开发的设计当中只占一部分，并不是主流，是那些趣味型产品，例如，动物造型的玩具、风扇和冰箱等电器。而那些部分地借鉴了生命形态的产品设计却比较多，例如流线型的产品设计，就是借鉴自然界中的生命形态的某些外形特征。因为这样的产品形态，既满足了产品设计严谨造型的要求，也满足了人们艺术化、情趣化的产品需求。另外，随着开发生产的技术水平的提高，使实现的水平也不断提高，成为产品设计领域越来越被关注的方向（图3-47）。

自然形态是指自然界的各种生命形态。从设计素描的角度谈自然形态的表现，目的是增加对自然形态表现的探索，提高表现题材的多样性，提高表现的能力和水平。用设计素描的方法分析和表现自然形态，也可以提高绘画表现的科学性和严谨性，服务于绘画的创作（图3-48）。

抽象形态在这里是指雕塑、工艺品等形态。这些类型的艺术作品，当然可以用实物的方法进行造型，但是作为构思方案的启发和产生过程，离不开平面的构思草稿，设计素描可以帮助进行构思创作的表现，那种抽象、多变的造型方式，复杂、理性的构造关系，特别是在构思的阶段，都用实物去表现是不可能的，从时间上和材料上也不经济，只有在基本方案确定之后才能进入制作，所以设计素描对这类题材的表现训练和构思创作也是适用的（图3-49）。

二、动画造型设计中的运用

在动画造型设计中，除了表现风格化的作品外，设计素描的应用主要体现在动画前期的设定工作中，从概念表述到形象设计，再到动态表现均能看到素描的身影。

概念表述是动画设计的初始阶段，在动画设计者还没有完全清晰的具体设计之前，往往需要总设计师或设计师本人将文字脚本中的概念予以敲定，它的形式是概念草图。与注重艺术效果的插画不同的是，概念草图的工作是创作一个产品，而不是一幅作品，倾诉是第一位的，其次才是艺术。因此，速度是概念设计中的一个重要因素，在用素描表达概念时，往往是大的色块或大气氛的营造，并不落实到如形体的衔接构造等具体的细节上。

形象设计是要借助素描的表现手法将概念草图阶段的图像信息具体化、细节化，如确立角色的具体形象特征。主要工作是为角色绘制三视图。它要求有较为明确的形象特征和细节特征，形象设计包括角色形象设计、场景设计和道具设计等（图3-50）。

动态表现是动画形象的更进一步挖掘，它能在形

图3-49

象设计的三视图的基础上赋予形象或角色更多的细节信息，使特征进一步明确。如服饰的刻画更为细腻，并交代出角色特定的生存环境、生活习性、动作习惯、性格特征等，为角色建造一个特定的"社会"。电影《星球大战》，在其原型设计阶段就还原了一个星球的生存环境。

另外，动态表现还包含对象的动作分解以及关键动作的镜头分解，即分镜头绘制，它指的是将角色对

a

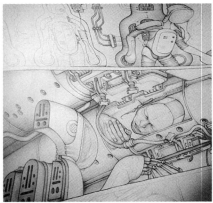
b

c

图3-50
ERIC外星怪物角色设计素描手稿

象建立在特定的故事情境中，根据情节和角色的需要设计其中的重要动作，这些关键动作的设计图多借用素描的形式描绘出来。

动画设计，依据运动学的原理，主要是对场景以及人物造型进行设计，使这些设计对象可以连贯地在二维、多维空间内进行运动。对于一个动画设计者来说，主动性的创造很重要，需要设计一个吸引眼球的故事情节，还要塑造鲜活的人物形象，从而使其在故事情节中画龙点睛。因此，在动画作品中，所有人物及场景都需要动画设计师根据自己的想象力设计故事情节、创造虚拟的人物形象及场景。显而易见，动画设计的技巧直接关系到动画作品中人物形象的塑造以及场景的设立能否个性化、鲜明化，同时新颖、出色的动画设计亦是动画作品的价值所在。

设计素描继承了传统的素描美术，在此基础上加以创新与改造，通过笔对客观形象的勾勒，传递出物象鲜活的生命力，在审美上给人以视觉的享受。艺术家在素描设计的过程里，处处表现出形式美，不拘泥于物象表面的相似，而是追求具有神韵、具有主观情感的物象的塑造，将物象的神情、自身特征的部分生动地勾勒出来，使之具有艺术美。

素描是比较简洁的一种绘画方式，以流畅均匀的线条勾画为主。用线条表现艺术，这个运用在中国起源较早，绘画中对线条的勾勒要基于设计者的主观感受，考虑物象的体积、方向、空间，将这些因素表现出来的同时还需要表达绘画的速度及力量，这也是线条发挥作用的灵魂所在。但是，线条制约着物象的外沿轮廓，每个物象都有独特的外表形状，素描是通过线条组合呈现出一个生动的物象形象，比较重视线条表现的张力的线条的概括力，传达着艺术信息，艺术的一种重要语言。灵动的素描设计，是设计师对客观形象独特构思设计意境的体现，也是设计师感情的凝结，将抽象的形象赋予线条感，这样作品会显得更具有民族文化内涵和艺术魅力（图3-51）。

动画是一种综合艺术，集绘画、电影、音乐、建筑、戏剧等为一体。其中，绘画对动画的影响是重要的、深远的，动画中生动的人物角色、感人的故事情节往往是观众所关注的，也是容易吸引眼球的一面。

图3-51

令人过目不忘的人物形象是优秀的动画片中的关键要素，像米老鼠、花木兰、唐老鸭等卡通形象，再比如《哈尔的移动城堡》中造型独特的建筑等系列优秀的卡通动画形象，给动画产业带来了深远的影响，也给人们带来了视觉上的享受。可见，一部成功的动画片和动画形象的造型是分不开的。而设计素描是动画形象造型设计的基础技术。

动画设计亦是在造型艺术的范畴内，动画的人物、场景、道具的设计都要求有较强的造型能力和新颖的创造力。大众对动画形象普遍停留在夸张、怪异的特点上，认为虚拟存在的动画形象与现实生活中真实存在的事物有很大差别。但是，艺术来源于生活，发展于生活，又高于生活。动画人物形象有不同的风格，有写实风格及相对夸张、抽象、趣味风格的卡通形象。这些形象也是艺术形象，有着合理的比例、严格的结构概念与关系，动画形象的设计来源于生活中真实的形象，将其作为夸张的基础，是对现实事物高度概括、进行提炼，进而将其夸张化、变形至趣味化，如锅炉爷爷（千与千寻）形象，虽然有些夸张化，其外形有很长的胳膊，支配着不同任务的手，是由生活人物基本结构特征变形而塑造的个性形象。

如果我们可以把所观察到的现实中真实存在的客观形象假设成生命体，有意识地主动从不同角度审视物象的客观的内在联系，一定会发现原型中不同的潜在的抽象形式。进而通过演绎物象的形，对其加以分解、组合，进而变换设计，抽象的、新颖的动画模型就会形成。

动画设计建立在现实的基础上，其设计灵感来源于现实中存在的客观形象，若艺术形式脱离现实世界这个基础，所有的艺术作品都会无法独立生存，显得苍白无力。设计素描作为动画设计的一项基础技术，设计素描可以有效地培养动画设计者的想象力、创作力，而创造思维是素描设计以及动画设计的推动力。设计素描借助创造性思维，结合视觉感受，融入情感，创造性思维加以升华，设计素描的精髓在动画设计创意的表现中完全得到体现。而一名优秀的动画设计师，首先要掌握动画设计的精髓——设计素描，通过设计素描培养视觉观察力，增强视觉敏锐度，增强视觉接受信息的能力，通过事物表面去探究事物本质，促成创造性思维的习惯的形成，最后创作基于现实而超越于生活的灵活的动画形象，造就更优秀的动画设计作品，才能引人注目，实现可观的经济效益，产生积极的社会效应。

三、服饰造型设计中的运用

设计素描在服饰设计中的应用体现在两个方面，一是通过对人物、人体画和服装饰品的训练，培养准确、概括的造型能力；二是通过设计素描中有关造型和创造性思维的培养，使学生形成良好的美学规范。

1. 设计素描在服饰设计中质感体现

服饰上的主要线条应和人体外形结构上的曲线密切相关，因此，需提高服饰设计和服装画的水平，对人体结构和人体各部分的比例、外形的切实了解和掌握显得十分重要，它成为掌握服装画技法必备的基础（图3-52）。

服饰设计效果图是表达设计者想法的绘画，素描水平的高低会直接影响设计意图的表达，因此，一幅优秀的服饰设计效果图的构思与设计离不开扎实的绘画技巧，它是艺术与技术的结合体，是形状、色调、质感、比例、大小、光影的综合表现。它同时要求绘画者能熟练地掌握人体的变化规律，了解人体结构、透视、比例、重心等方面的知识，要善于灵活运用不同绘画工具的特殊表现力，以此表现变化多样、质感丰富的服饰肌理和服饰效果。

（1）**设计素描中服饰材质感的表现**。在光影空间中，每一种物质表面由于其组织材料的不同，对光线的反射、吸收或透过程度也各有不一样，我们把光影在不同的材质表面所呈现的不同明暗值变化，以及因此显示出的软或硬、粗或细、光亮或粗糙、透明或不透明等多种感觉效果，称为材质感。材质感的表现是使设计的表现更具体、更真实的重要环节之一，是设计师掌握的必不可少的表现手段（图3-53）。

设计素描中，材质感的表现形式是线和明暗。材质感的形成，一是因为材料表面的组织构造；二是因为材质的受光特征。根据以上两个因素，可将不同材

图3-52

图3-53

质的视觉特征归纳为以下几种类型：

1）粗疏而吸光的质感：物质表面呈清晰、粗糙或疏松的纤维状或颗粒状结构形态，受光影响，以扩散为主，因此没有高光。所以在表现的时候明暗调子对比较弱，如麻织物，树皮等。

2）细密而反光的质感：物质的表面结构形态细小，密集而呈现光滑，细腻的视觉效果，受光特征以反射为主，光滑的材质表现有高光，能反射周围物体的影像，如抛光的金属，皮革等。

3）透明与半透明的质感：在物体中，光线不发生任何变化，全部得以通过，没有丝毫反射现象，这称为全透明物质。当然，现实世界中这种纯粹的物质是没有的，最多只是近似而已。不同的材质透明程度也不同，玻璃制品接近全透明；丝织品、塑料制品则是半透明；片状物体（如亮片）随其透明度大小，不同程度地接近于背景的明暗调子，而形形色色的面料因其壁厚或形体转折的变化，会使光线产生聚集和折射等复杂的光效应。

（2）用线和明暗表现材质感。

1）薄面料材质感的表现——薄料属于吸光的面料质感，用线可以轻松、自然，易使用较细而平滑的线，而不宜使用粗而阔的线，明暗调子对比较弱。薄料在穿着之后，有贴身与飘逸之分，前者可以着重表现，而后者则可以略为虚之。

2）中、厚面料材质感的表现——中、厚面料受光特征以散射为主，其质感表现易采用粗犷、挺括的线条。呢子的反光性较弱，因此，明暗调子要把握适当。由于面料厚度的影响，中、厚面料的褶不易服帖，因而显得大而圆滑。在表现牛仔布时，可用摩擦表现出牛仔布的纹理。

3）毛、绒面料材质感的表现——毛、绒面料包括几种：裘皮面料、羽毛面料、绒布（包括丝绒等）面料等。裘皮面料表面细腻、光滑，具有蓬松、无硬性转折、体积感强等特点。绒布有发光与不发光之分，与其他面料相比，同一色的绒布较深，而丝绒面料则较一般绒布面料反光和悬垂性要强。在处理绒布面料的边缘时，用线不能坚硬、圆滑，而应起毛和虚化。

2.　设计素描在服饰造型中的应用

服饰造型设计就是要将所需表达的服饰内容在画面上建立起来，并使之形成一个可以理解并进入实际操作的具体设计。服装画的造型是形象、线条、质感的综合体现。其设计的灵感来源于自然和生活，需要我们从自然中的各种具有不同美感的形象中得到启示，从各种客观的形态中提炼、概括、加工成具有特殊意味的造型。如用几何化的处理方式再造形象，将单一或组合的几何形运用于单件或套装的设计上，最终落实为柱形或梯形的裙子，方形或三角形的上装等；或将造型进行解构或建构，如花卉，从外轮廓或一片花瓣、一个花蕊或单片叶子中抽取出理想的形象进行变形加工，设计出美妙的图案或服饰轮廓。

设计素描在服装饰品的工艺造型表现中，镶、嵌、绣、贴、褶、拼等工艺表现形式均遵循与服装设计表现相似的美学法则（图3-54）。

时装设计草图对时间性要求较强，需要设计者在极短的时间内，迅速捕捉、记录设计构思，这便使得这类时装画具有一定的概括性和快速性，同时又能让观看者通过简洁明了的勾画、记录读懂单线勾勒之后，用简洁的几种色彩粗略记录色彩构思；有时采用单线勾勒并结合文字说明的方法，记录设计构思、灵

图3-54

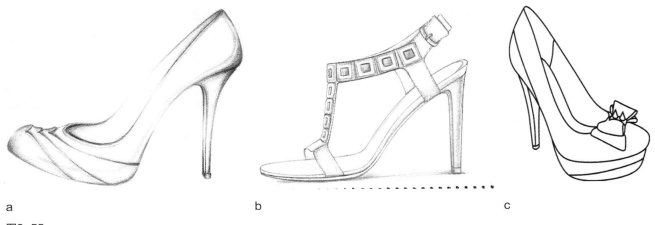

a   b   c

图3-55

感，使之更加简洁快捷。在勾勒草图时主要侧重人物的某种动势以表现时装的动态预视效果而会省略人体的众多细节。用素描表现服饰设计效果图时，不光要表现设计构思，同时还要注重对服饰工艺构思的追求和刻画，如在线条的使用上，一般薄软的面料选择用细、曲的线条刻画，而厚、硬的面料则常用粗、直的线条刻画，但线条的疏密关系不能因单纯地追求画面效果而过多使用，它要以突出服饰的功用性为前提。同时，在服饰效果图中，块面描绘也要适当，不能影响到服饰款式中对结构清晰地表达和阐释（图3-55）。

附 录

附录一　设计素描的作品欣赏

附图1　西班牙Aranleon Bles葡萄酒素描瓶贴设计

附图2　西班牙Aranleon Bles葡萄酒素描瓶贴设计

附图3　西班牙Aranleon Bles葡萄酒素描瓶贴设计

附图4　西班牙Aranleon Bles葡萄酒素描瓶贴设计

附图5　西班牙Aranleon Bles葡萄酒素描瓶贴设计

附图6　西班牙Aranleon Bles葡萄酒素描瓶贴设计

附图7　西班牙Aranleon Bles葡萄酒素描瓶贴设计

附图8　西班牙Aranleon Bles葡萄酒素描瓶贴设计

附图9　西班牙Aranleon Bles葡萄酒素描瓶贴设计

附图10　西班牙Aranleon Bles葡萄酒素描瓶贴设计

附图11　西班牙Aranleon Bles葡萄酒素描瓶贴设计

附图12　西班牙Aranleon Bles葡萄酒素描瓶贴设计

附图13

附图14

附图15

附图16

附图17

附图18

附图19

附图20

附图21

附图22

附图23

附图24

附图25

附图26

附图27

附图28

附图29

附图30

附图31　波兰艺术家 Justine 的铅笔素描

附图32　波兰艺术家 Justine 的铅笔素描

附图33　波兰艺术家 Justine 的铅笔素描

附图34　REGIUS超写实素描

附图35　REGIUS超写实素描

附图36　REGIUS超写实素描

附图37 REGIUS超写实素描　　　　　　附图38 REGIUS写实素描作品　　　　　　附图39 央美大一新生的基础作业

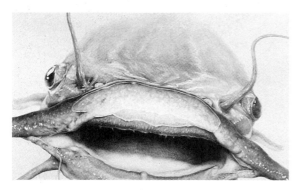

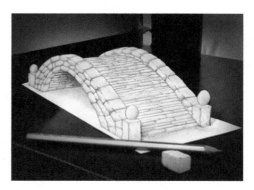

附图40　　　　　　　　　　　　　附图41　　　　　　　　　　　　　附图42

附图43 Dangerous Frames　　　　　　　　附图44　　　　　　　　　　　　附图45 明暗
正负空间

附图46　清华大学毕业设计作品

附图47　清华大学毕业设计作品

附图48　清华大学毕业设计作品

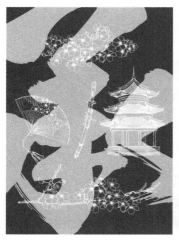

附图49　学生赵旭作业

附图50　动态版"清明上河图"

附图51　德国Andreas Preis素描风格

附图52　德国Andreas Preis素描风格

附图53　德国Andreas Preis素描风格　　附图54　德国Andreas Preis素描风格　　附图55　德国Andreas Preis素描风格

附图56　　　　　　　　　　　　　　　　附图57　　　　　　　　　　　　　　　　附图58

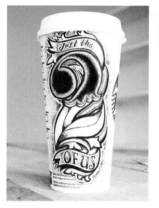

附图59　　　　　　　　　　　　　　　　附图60　　　　　　　　　　　　　　　　附图61

附图62　　　　　　　　　　　　　　　　附图63　　　　　　　　　　　　　　　　附图64

附图65

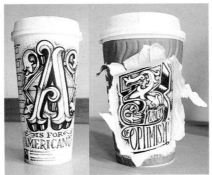

附图66

附图67

附图68

附图69

附图70

附录二　设计图库信息和相关参考资料介绍

1）素材图库

① 站酷http：//www.zcool.com.cn

② 昵图网http：//www. nipic. com

③ 素材中国http：//www. sc-cn. net

④ 三联素材网http：//www. 3lian. com/

⑤ 课件素材库http：//www.oh100.com/teach/shucaiku/

⑥ 中国画册设计欣赏网http：//www.51huace. cn

⑦ 北京设计欣赏网http：//www.010design.com .cn

⑧ 科幻网图库http：//www.kehuan. net/picture/index. asp

⑨ 中国GLF网http：//www. chinagif. net

⑩ 闪盟矢量图库http：//www.flashsun.com/home/read. php?qid=vector

⑪ 设计素材http：//www.veer.com/

⑫ 背景素材http：//th. hereisfree.com/

2）字库网站

① 字体精品集中营http：//www. goodfont. net

② 模版天下http：//www. mbsky.com/

③ 设计无限http：//www.sj00.com/sort/2_1.htm

④ cubadust http：//www. Cubadust.com

⑤ Fontfile http：//www.fontfile.com

⑥ Free Fonts http：//www. freewarefonts.com

⑦ Font Paradise http：//www.fontparadise. com

⑧ Pcfont http：//www.pcfont.com/font/main.shtml

⑨ Type is Beautiful http：//www.typeisbeautiful.com/

3）摄影网站

① 色影无忌http：//www. xitek. com/

② 蜂鸟网http：//www.fengniao.com/

③ 新摄影http：//www. nphoto .net/

④ 迪派摄影网http：//www. Dpnet.com. cn/

⑤ Photosig http：//www.photosig.com/

⑥ 摄影http：//www. artlimited. net/

⑦ 黑白摄影http：//www.mburkhardt.tumblr.com/

4）设计网站

① 中国UI设计网http：//www.chinaui.com

② 火星时代动画网http：//www.hxsd.com.cn

③ 视觉中国http：//www.chinavisual.com

④ 设计在线http：//www.dolcn.com

⑤ NWP http：//www.newwebpick.com

⑥ 数码艺术http：//www.computerarts.com.cn

⑦ 设计艺术家http：//www.chda.net

⑧ 中华广告网http：//www.a.com.cn

⑨ 中国设计网http：//www.cndgn.com

⑩ 七色鸟http：//www.colorbird.com

⑪ 鲜创意http：//www.xianidea.com

⑫ 网页设计师联盟http：//www.68design.net

⑬ 美术联盟http：//www.mslm.com.cn/

⑭ 中国设计之窗http：//www.333cn.com/

⑮ 网页设计模板网站http：//www.templatemonster.com/

⑯ 网页制作大宝库http：//www.dabaoku.com/sucai/

⑰ 网页设计模版http：//www.mobanWang.com

⑱ 网页设计模版http：//www.sucai.com.cn/wangye/

⑲ 韩国网页设计模版http：//sc.68design.net

⑳ JSK http：//www.jsk.de/#/en/home

㉑ Nid大学http：//www.nagaoka-id.ac.jp/gallery/gallery.html

㉒ GraphiS http：//www.graphis.com

㉓ 蓝色理想http：// bbS blueidea.com/pages.php

㉔ 百度百科 http：//baike.baidu.com/

㉕ 中国包装设计网http：//www.chndesign.com/

5）广告公司网站

① 李奥·贝纳http：//www.leoburnett.com/

② 智威汤逊http：//www.jwttpi.com.tw/

③ 东道设计http：//www.dongdao.net/main04.htm

④ 灵智大洋广告http：//www.eurorscg.com/

⑤ 达彼思广告http：//www.batesasia.com/

⑥ 精信整合传播http：//www.grey.com/

⑦ Y&R电扬广告http：//www.yr.com/

⑧ 金长城国际广告http：//www.adsaion.com.cn/

6）设计协会

① 美国工业设计师协会http：//www. idsa.org

② 英国设计与艺术委员会http：//www. nsead. org

③ 芬兰设计协会http：//www. finnishdesign. fi

④ 韩国设计协会http：//www. kidp. or.kr

⑤ 国际室内设计师协会http：//www. iida. com

⑥ 澳大利亚设计协会http：//www.dia. org .au

⑦ 欧洲设计中心http：//www.edc.nl

⑧ 瑞典工业设计基金http：//www. svid.se

⑨ 法国设计机构http：//www.rru rl.cn/iwop34

⑩ 波兰设计师http：// rrurl.cn/pjzxq1

⑪ 国际室内设计师协会http：//www. iida.com/

⑫ 台湾室内设计协会http：//www.csid .org/

⑬ 瑞士设计中心http：//www. designnet. ch/

⑭ 首都企业形象协会http：//www.ccli.com. cn/

⑮ 韩国工业设计促进研究会http：//www. designdb.com/kidp/

⑯ 标志设计协会http：//www.branddesign. org/

⑰ 芝加哥家具设计者联合会http：//www. Cfdainfo.org/

⑱ 设计管理协会http：//www. dmi.org/dm/html/index.htm

⑲ 美国设计集团http：//www.designcorps .com/

⑳ 香港印艺学会http：//www.gaahk .org .hk/

㉑ 北美照明工程协会http：//www.ies. org/

㉒ 企业设计基金会http：//www. cdf. org/

㉓ 莫斯科设计师联盟http：//www. mosdesign .ru/

㉔ 美国园林建筑师协会http：//www. asla .org/

㉕ 俄罗斯设计团体http：//www. artlebedev.com/

㉖ 设计在线http：//www. dolcn.com/

7）广告创意网站

① 北京广告之拍案惊奇http：// blog.sina. com. cn/laobo

② 黄大八客http：// laiquwoziji .blog.tianya. cn

③ 广告创意第一搏http：// bukaa. blog.sohu.com/

④ 广告门http：//www. adquan.com/

⑤ 创意汇集站http：//www. creativesoutfitter.com/

参考文献

［1］吴国荣. 素描与视觉思维——艺术设计造型能力的训练方式［M］. 北京：中国轻工业出版社，2010.

［2］王智，韩文涛. 设计素描［M］. 北京：中国轻工业出版社，2010.

［3］冯玉雪，魏东，等. 设计素描［M］. 北京：兵器工业出版社，2011.

［4］韩凤元. 设计素描［M］. 北京：中国建筑工业出版社，2005.

［5］黄汉军、王传，设计素描，武汉：华中科技大学出版社，2007.

［6］武斌. 素描与设计［M］. 北京：高等教育出版社，2010.

［7］张焘. 设计素描与设计速写［M］. 武汉：武汉理工大学出版社，2009.

［8］马志明、陈圣燕，设计素描［M］. 北京：高等教育出版社，2013.

［9］伊达千代，内藤孝彦. 版面设计的原理［M］. 北京：中信出版社，2011.

［10］陆少坎，周旭. 从视觉思维模式看海报设计创新［J］. 浙江工业大学学报，2010.

［11］章利国. 绘画的视觉提炼［J］. 新美术，1995.

［12］张丽平. 矛盾空间及其在海报设计中的应用［J］. 艺苑长廊，2011.

［13］冯斌斌. 平面设计中素描设计要素的应用分析［J］. 美术教育研究，2013.

［14］郑哲. 设计素描的空间表现刍议［J］. 美术大观，2011.

［15］汪振城. 视觉思维中的意象及其功能——鲁道夫·阿恩海姆视觉思维理论解读［J］. 学术论坛，2005.

［16］傅小芳. 研究视觉思维在现代平面设计中的地位与作用［J］. 设计，2013.

［17］贺昌娟. 材料介入当代素描艺术中的语言表现［J］. 新视觉艺术，2009.

［18］徐夏林. 超写实绘画在当代艺术中的价值透析［J］. 西江月，2012.

［19］吴双. 超写实素描教学新尝试［J］. 大众科技，2010.

［20］李芳凝. 超写实素描新探［J］. 东京文学，2008.

［21］刘天呈. 俄罗斯素描及其教学体系［J］. 解放军艺术学院报，1999.

［22］李晓勇. 来自信息时代下素描综合材料的启示［J］. 北方美术，2012.

［23］路统宽. 浅谈素描材料的特性与材质美感［J］. 美与时代（中旬刊）·美术学刊，2015.

［24］张新庆. 浅谈素描构图的方法［J］. 学园·教育科研，2012.

［25］费春. 浅议超写实艺术在中国的发展及影响［J］. 宁夏社会科学，2014.

［26］杨军，李寿莉. 设计素描的结构与空间［J］. 楚雄师范学院学报，2012.

［27］葛华东. 设计素描结构性观念及其教学思路初探［J］. 文艺生活·文艺理论，2014.

［28］倪尧. 设计素描空间中的架构［J］. 城市建设理论研究（电子版），2012.

［29］徐国基. 试论素描教学中超写实素描的教学［J］. 景德镇高专学报，2005.

［30］宋珊琳. 契斯恰科夫素描教学体系在中国［J］. 科教文汇，2007.

［31］杨晓青. 素描艺术中的材料与工具［J］. 艺术百家，2009.

［32］杨临江. 谈素描中空间能力的训练［J］. 文艺生活·文艺理论，2016.

［33］徐璞．广告招贴设计中的视觉表现［J］．东京文学，2011.

［34］张宇，张凯赫，岳修仁．描绘技法在平面设计商业插画中的应用［J］．大众文艺，2015.

［35］赖亮鑫．浅谈商业插画对传统绘画艺术的传承［J］．湖南大众传媒职业技术学院学报，2013.

［36］李红．浅谈室内环境设计［J］．魅力中国，2010.

［37］王毓．浅谈书籍封面设计与出版［J］．艺术科技，2014.

［38］白瑞玉．浅析广告招贴设计［J］．太原经济管理干部学院学报，2004.

［39］于莹，吴媛媛．浅析商业插画的艺术风格与应用媒介［J］．理论界，2013.

［40］兰华丽．浅析书籍装帧的整体设计［J］．艺术科技，2016.

［41］李磊．商业插画的艺术特征及其在包装设计中的应用［J］．包装工程，2008.

［42］姬长武．室内环境设计应用性实践教学研究［J］．设计艺术，2006.

［43］李永霞．书籍装帧中的封面设计［J］．中小企业管理与科技，2011.

［44］赵晶晶．现代插画中传统写实绘画技法的意义及重要性［J］．美术界，2011.

［45］张跃华．认识、观察、表现——设计素描的教学要点［J］．成都纺织高等专科学校学报，2008.

［46］韩超艳，王肖烨．结构设计素描与产品设计的关系［J］．宝鸡文理学院学报（自然科学版），2009.

［47］李明，杨君顺．论设计素描对产品设计的促进作用［J］．艺术与设计（理论），2007.

［48］杜雪燕．设计素描与动画设计分析［J］．西江月，2012.

［49］马平．设计素描在产品设计中的作用［J］．陕西教育：高教版，2011.

［50］郑芳琴，周莉英，李雪枫．设计素描中材质感的表现在时装画中的应用［J］．艺术与设计（理论），2009.

［51］顾大庆．设计的视知觉基础［J］．室内设计与装修，2002.

［52］曹文琦．视觉传达设计中视觉思维模式的创新［J］．江西社会科学，2012.

［53］王力强．素描中的视觉思维现象［J］．美术大观，2015.

［54］张霞．从"视觉思维"到"创新思维"——高职设计素描教学的试验构想［J］．美术界，2008.

［55］林洲．构建设计素描教学与相关课程相结合的视觉思维实践探索［J］．文艺生活·文海艺苑，2010.

参考网站

http: //wiki.mbalib.com/

http: //baike.baidu.com/view/280567.htm

http: //www.truelink88.com/news/2010-08-26/146.html

http: //www.022net.com/2010/8-13/47603423292701.html

http: //news.longhoo.net/2010-08/10/content_3819907.htm

http: //bbs.asiaci.com/thread-150022-1-1.html

http: //blog.sina.com.cn/s/blog_545f415301000axr.html

http: //www.zaobao.com/forum/pages1/forum_lx090828a.shtml

http: //www.chinacity.org.cn/cspp/csmy/72969.html

http: //blog.sina.com.cn/s/blog_4a60325f0100c93p.html

http: //b.chinaname.cn/article/2009-5/4993_2.htm

http: //baike.baidu.com/view/5555444.htm

http: //jingji.cntv.cn/20100813/103805.shtml

http: //www.alibado.com/exp/detail-w1013416-e341282-p1.htm

http: //baike.baidu.com/view/2073448.htm

http: //wenkubaidu.com/view/8b8a6289680203d8ce2f246b.html

http://www.wtoutiao.com/a/245519.html

http://baike.baidu.com/

http://wenku.baidu.com/

（本书部分资料选自上述出版物和网站，在此表示谢意）。